科技部全国优秀科普作品

金属元素大探秘

Exploration of Metals

主编　田庆华　李　栋

主审　郭学益

北　京

冶金工业出版社

2020

内容提要

随着国民经济的发展和人民生活的日益丰富，金属元素以不同的形式走入我们的生活，多姿多态。本书系统地介绍了各金属（含半金属）元素的性质、来源、化合物及合金的应用、对人体健康的影响、元素有关小贴士等内容，旨在普及金属元素和半金属元素与人体的关系及其在生活中的应用与意义。

本书内容丰富，层次合理，通俗易懂，既可作为大专院校化学、材料类专业科学素质课程教材，也可作为科普类书籍供全民阅读。

图书在版编目（CIP）数据

金属元素大探秘／田庆华，李栋主编．—北京：冶金工业出版社，2018.3（2020.8 重印）

ISBN 978-7-5024-7710-3

Ⅰ．①金… Ⅱ．①田… ②李… Ⅲ．①金属—介绍 Ⅳ．①O614

中国版本图书馆 CIP 数据核字（2017）第 321577 号

出 版 人 陈玉千

地　　址 北京市东城区嵩祝院北巷 39 号 邮编 100009 电话（010）64027926

网　　址 www.cnmip.com.cn 电子信箱 yjcbs@cnmip.com.cn

责任编辑 张熙莹 王 双 美术编辑 彭子赫 版式设计 彭子赫

责任校对 李 娜 责任印制 禹 蕊

ISBN 978-7-5024-7710-3

冶金工业出版社出版发行；各地新华书店经销；北京建宏印刷有限公司印刷

2018 年 3 月第 1 版，2020 年 8 月第 3 次印刷

169mm×239mm；12.5 印张；242 千字；191 页

49.00 元

冶金工业出版社 投稿电话（010）64027932 投稿信箱 tougao@cnmip.com.cn

冶金工业出版社营销中心 电话（010）64044283 传真（010）64027893

冶金工业出版社天猫旗舰店 yjgycbs.tmall.com

（本书如有印装质量问题，本社营销中心负责退换）

前　言

对比人体中所含金属元素与海水中金属元素，可以发现，海水中金属元素含量高者在人体中含量也高，这些金属元素几乎都是人体所必需的，这从侧面提示我们：人类生命起源于海洋。因此，从生物进化的角度看，金属元素与人体有密切关系，影响着人类的生存和发展。人体和地球一样，都是由各种化学元素组成，而化学元素中的金属元素虽然在人体内含量很少，但在人类生命活动和代谢过程中具有十分重要的作用。

本书力求内容丰富，通俗易懂，全书共涉及69种金属元素，涵盖了几乎所有与我们生活息息相关的金属元素。本书共分三篇。第一篇主要介绍人体内的常见金属元素，主要分为常量金属元素和微量金属元素两类进行介绍，并将其在人体结构和机能中发挥的重要作用一一向读者解读。第二篇按照金属元素的“好”与“坏”进行分类，分为主利金属、主弊金属和双面金属三类进行介绍，这些金属元素虽然不都是耳熟能详，但都会影响人体健康或生活质量。主利金属是在化工、医疗等领域被很好利用起来的金属元素。主弊金属是一些剧毒或强辐射性的金属元素，可能会对人体产生毒性作用，人体接触后会产生不良反应。双面金属则是一种奇特的存在，正确使用可能会激发出巨大的价值，而不恰当使用可能会危及身体健康甚至生命安全。第三篇简要汇总了不常见金属元素在生活及社会生产各领域的应用，它们虽然不常见，但同样在国防、医药、化工等方面发挥着重要的作用。

编者致力于使金属元素生活化，尽可能详尽地介绍金属元素与人类生活各方面的知识，让读者对各金属元素有更为直接的认识。本书编写过程中参阅了大量的文献，力求内容科学准确、通俗易懂，许多关于金属元素与人体健康的最新信息都包含在本书中[1]，其中重要的资料都作为参考文献列于每种金属的介绍之后，对各位文献作者表示衷心的感谢。

本书是编者及团队集体劳动的结晶。先后有数十位大学生参与了本书的文献资料收集、整理和校对工作，特别值得提出的是：刘旸、张肖燕、王雁秋、龙书玉、操沁璇、靳昕、张立松、高泽、王怀宝、赵乙丁、孙怡晨、许越玥等为本书的出版做了大量的工作，对他们的辛勤劳动表示诚挚的谢意。同时，感谢中南大学资源循环研究院、冶金与环境学院为本书出版提供支持。

编者力求为读者奉献一本科学而系统的作品，但由于水平及时间所限，书中不完善之处，敬请读者谅解并不吝赐教。

田庆华　李栋

2017 年 12 月

[1] 书中所有涉及金属元素引起的不良反应及应对措施纯属客观描述，不能作为自我诊断和治疗的直接依据，如有书中所描述的症状请及时就医。

目　录

第一篇　人体内的常见金属元素

第二篇　金属元素的“好”与“坏”

第三篇　不常见的金属元素

第一篇
人体内的常见金属元素

人体内的常见金属元素分为常量金属元素与微量金属元素，约 20 种。其主要生理功能是构成人体的组成部分，也是酶和维生素的组成部分；保持血液的酸碱度和电解平衡；参与内分泌，促进性腺发育、生育能力及糖代谢；协助人体器官、组织把营养物质运往全身等，在人类的生命生活中起到了至关重要的作用。

常量元素是指在有机体内含量占体重 0.01% 以上的元素，按需要量多少的顺序排列为：氧、碳、氢、氮、钙、磷、钾、硫、钠、氯、镁。这类元素在体内所占比例大，有机体维持正常生命活动时需求量较多，是构成有机体的必备元素。本篇要认识到的常量金属元素，顾名思义，就是这些常量元素中的金属元素。

人体内的常量金属元素钠、镁、钾、钙从生活的各个方面都能找到它们的踪迹。比如，钠作为盐的主要成分，是我们必须每天都要摄入的；而钙，自孩提时代各种各样的补钙广告就充斥着我们的生活。对于这些金属元素，相信我们每个人都不陌生。

而微量金属元素，它们在人体内含量不及体重的万分之一，这些微量金属元素在体内含量虽然微乎其微，但却能起到重要的生理作用，如人体必需的微量金属元素锌、铜、钼、铬、钴、铁等，都肩负着维护人体生理健康的大任。

那么，接下来，就让我们进一步了解一下常量金属元素和微量金属元素与人体的关系吧。

常量金属元素

食盐中就含有钠。盐是人体所必需摄入的，是人体中钠的主要来源。小小的盐看上去平淡无奇，但在古代却是决定人们生死和国家富强的关键。盐对农业社会的价值不亚于石油对工业社会的价值。因此，古今中外有许多关于盐的故事和寓言，如驮盐的驴子、悟空盗盐、呆子吃盐等。

近年来，亚硝酸钠中毒的新闻屡见不鲜，商贩用亚硝酸钠腌制烧烤导致 14 名大学生中毒；江西安义县 13 人因食物中毒住进了医院，患者均属于亚硝酸钠中毒；米粉店老板误把亚硝酸钠当味精致 6 人中毒获刑 1 年……人们越来越重视食品安全，掌握其中的关键知识对我们日常生活非常有必要。

钠是什么？

钠是碱金属元素的代表。金属钠质软，可以用小刀切割，切开外皮后，具有银白色的金属光泽；熔点是 97.81℃，沸点是 882.9℃，易熔；易导电、导热；钠的密度比水的密度小。

钠的化学性质非常活泼，常温就能与氧气化合；也能和水剧烈反应，量大时容易发生爆炸；和低元醇（如甲醇、乙醇等）反应产生氢气；和电离能力很弱的液氨也能反应，形成蓝色溶液。

钠从哪来？

钠常以化合物的形态存在于自然界，在地壳中的含量为 2.83%，占金属元素在地壳中含量的第六位。最重要的资源是海洋、盐湖和盐井中的氯化钠，含量极为丰富，矿物则有岩盐（氯化钠）、天然碱（碳酸钠）、硼砂（硼酸钠）、硝石（硝酸钠）、芒硝（硫

天然盐湖

酸钠）。此外，在海水中以钠离子的形式存在，在海水中含量约为 2.7%。

金属钠是在 1807 年通过电解氢氧化钠制得的，这个原理应用于工业生产约在 1891 年才获得成功。1921 年电解氯化钠制钠的工业方法实现了。目前，世界上钠的工业生产多数采用电解氯化钠的方法，少数仍沿用电解氢氧化钠的方法。

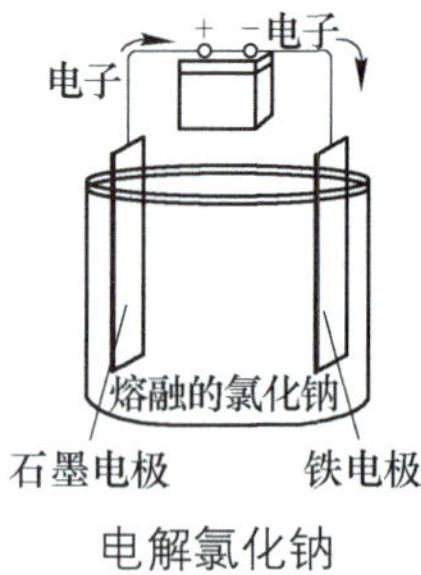

电解氯化钠

钠在身边

在人类生活中，钠是不可或缺的，在饮食、卫生、医疗等各个方面都如影随行。

氯化钠（NaCl），食盐的主要成分，医疗上用来配置生理盐水；生活上可用于调味品；工业上经常用于制造纯碱和烧碱等，此外，人类通过出汗分泌大量的氯化钠。

碳酸钠（Na_2CO_3），可用作食品工业发酵剂，也广泛用于医药（医疗上用于治疗胃酸过多）、造纸、冶金、玻璃、纺织、染料等工业。

碳酸氢钠（$NaHCO_3$），俗称小苏打，是发酵粉的有效成分，也可用于治疗胃酸过多。

氢氧化钠（NaOH），俗名是烧碱、火碱。用于生产纸、肥皂、染料、人造丝、冶炼金属、石油精制、棉织品整理、煤焦油产物的提纯、食品加工、木材加工及机械工业等方面。

次氯酸钠（NaClO），84 消毒液的有效成分。

氨基钠（$NaNH_2$），是合成维生素 A 的原料。

过氧化钠（Na_2O_2），常用作漂白剂和潜水艇中的供氧剂。

钠有何用？

正常人体内钠的总量一般认为每千克体重含 1 克左右，其中 44% 在细胞外液，9% 在细胞内液，47% 存在于骨骼之中。正常成人每日摄入的钠全部经胃肠道吸收。钠由尿排出量约占 90%，其余经粪便和汗液排出[1]。

钠的生理功能

1. 调节细胞外液的容量与渗透压

若体内钠含量过多，就会形成水肿，并造成心脏负荷过重。当机体丢失钠过多时，可能促使血压下降。

2. 维持酸碱平衡

钠在肾脏重吸收时与氢离子交换以排出体内的酸性代谢产物，从而保持体液酸碱度的恒定。

3. 维持正常血压

人群膳食调查与干预研究表明，膳食中钠过多，钾过少，可引起血压升高，反之，血压下降。

4. 其他功能

钠离子的正常浓度是维持神经肌肉应激性所必需的重要因素。钠还与能量代谢、三磷酸腺苷的生成和利用有关[2]。

钠失衡的负面影响及改善方法

1. 缺乏

原因：禁食、少食、膳食中钠盐限制过严、钠的摄入量极低时；或由于高温、重体力劳动而过量出汗却未补钠盐时；或胃肠道疾患、反复呕吐、腹泻时；或慢性肾脏疾病、肾上腺皮质功能不全、抗利尿激素分泌异常综合征、糖尿病酸中毒等而导致肾性失钠时，均可引起机体缺钠。

症状：人体缺钠的临床表现可分为三个等级[2]。

缺失量程度	轻度缺钠约 0.5 克 / 千克	中度缺钠约 0.5~0.75 克 / 千克	重度至极重度缺钠约 0.75~1.25 克 / 千克
症状	尿中氯化物含量减少，其主要症状有淡漠、倦怠、无神	尿中无氯化物，可出现恶心、呕吐、脉细弱、血压降低及痛性肌肉痉挛等症状	表情淡漠、昏迷、外周循环衰竭，严重时可导致休克及急性肾衰而死亡

改善方法：当体内钠含量过低时，补钠最简单的方法是饮用淡盐开水。

含钠的食物有[3]：

谷类	全谷类、小麦胚芽
奶类	各类调味乳
肉类	鹅肉、沙丁鱼
豆类	红豆、绿豆
蔬菜类	深色蔬菜类（尤其是红苋菜、绿苋菜、空心菜含量高）、紫菜、海带、胡萝卜、香菇
水果类	香蕉、蕃茄、硬柿、番石榴、龙眼、香瓜、枣、橙子、芒果
其他	巧克力、可可、花生、瓜子、养乐多、坚果类及罐头类腌制品

含钠食物

2. 过量

原因：正常情况下，钠摄入过多并不会在体内蓄积，但某些疾病，如心源性水肿、肝硬化腹水期、肾病综合征、肾上腺皮质功能亢进、蛛网膜下腔出血、脑肿瘤等可引起体内钠过多。

症状：钠过多可能患高钠血症。临床表现可出现水肿、体重增加、血容量增大、血压偏高、脉搏加快、心音增强等症状。

急性过量食用食盐（每天 35~40 克）可引起急性中毒，导致水肿、血压上升、血浆胆固醇升高、脂肪清除率下降及胃黏膜上皮细胞破裂等。

长期摄入较高量的食盐，可增高血压、增加心血管疾病和肿瘤发生的危险性[2]。

改善方法：当体内钠含量过高时，应注意低盐低脂优质蛋白饮食。初期不严重的高血压患者主要饮食应以高钙、高钾、高纤维及少钠为主，可先通过循环运动、充足睡眠及饮食调整来控制，若无起色，建议寻求治疗[4]。对于潴钠性高钠血症，应积极治疗原发病，建议限制氯化钠溶液的输入，并给予速尿、利尿酸钠等促使钠、水由肾排出，有肺水肿及心力衰竭时应予强心、利尿治疗；对于浓缩性高血钠，建议科学地补充水分，并采取措施制止水分继续丢失，以使过高血渗透压得以下降，如果能口服，尽量口服为宜。静脉注射等渗糖水可快速使血渗透压下降，但过快纠正严重高钠血症也可能导致严重并发症，一般希望在 48 小时以内将血钠降至接近正常水平。

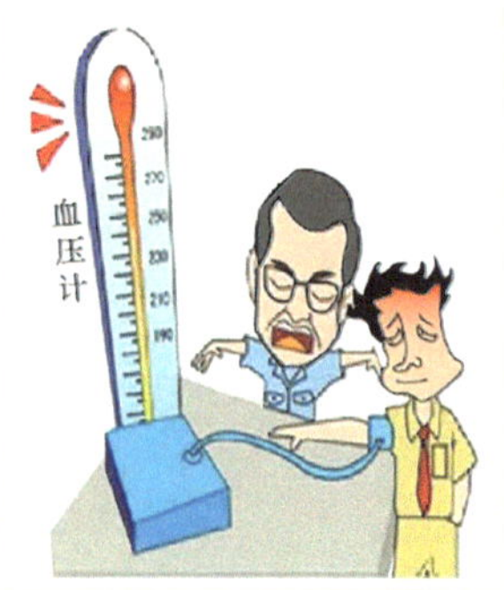

盐的摄入和影响

小贴士

制盐的小历史

传说，炎帝时就教化民众“煮海为盐”，后来，福建考古发掘出土多件煮盐工具，证明早在公元前5000年至公元前3000年（仰韶文化时期）人们就利用海水煮盐。至明朝永乐年间（1403~1424年），有文字记载我国开始废锅灶、建盐田，改蒸煮为日晒，使得制盐工艺不断向前发展。

传统晒盐方法

第一步是晒盐泥，用带齿的木耙纵横交错耙地，使泥松软充分暴晒3天。

第二步是收盐泥，用木板耙将晒好的泥放入盐池。所谓盐池也就是在盐田上开挖的一个2米宽、3米长、1米深水池，下面垫着竹片（半年换一次）和茅草（2个月换一次），起到过滤作用。

第三步是过滤，盐泥进入盐池后，盐工需要用脚踩踏实，再注入海水，过滤一天得到卤水（饱和盐水），此时盐工会折下一种长在盐田边的植物黄鱼茨的茎杆放进卤水池，只有黄鱼茨茎杆漂在水面才是真正的饱和盐水，否则还要太阳反复暴晒才行。

第四步是收盐，清晨6点将卤水倒入盐槽，暴晒一天后，下午5点就可以用铁板刮盐，收入竹筐了[5]。

有关钠的小故事

在古代，作为身披重甲执兵戈的军人，什么调味品都可以没有，无非是口味问题，但没盐就没力气，就没法干活打仗。盐对于古代家家户户来说，是必需品、硬通货。所以罗马军队的工资一度直接发盐。英语“salary”（薪水）就来自于“salt”（盐）。

参 考 文 献

[1] 秦占林. 钠元素与人体健康 [J]. 新课程，2010(3)：63.

[2] 郭红卫. 钠 [J]. 营养学报，2014，36(1)：5~8.

[3] 补钠的食物有哪些 [EB/OL]. 中国健康网，2012-10-18 [2015-7-20]. http://www.69jk.cn/yinshi/yyzd/356768.html.

[4] 含钾蔬菜可改善钠过量 [EB/OL]. 中国新闻网，2014-9-18 [2015-7-20]. http://www.chinanews.com/hb/2014/09-18/6606774.shtml.

[5] 黄晶，李关平. 代代相传的日晒制盐 [N/OL]. 海南日报，2008-10-20 [2015-7-20]. http://hnrb.hinews.cn/html/2008-10/20/content_74585.ht.

镁（Mg）

原子序数 12

镁在生命体中发挥着不可替代的作用。绿色植物是地球上生命的摇篮，它们通过光合作用将二氧化碳转化为氧气，从而维持了大气圈的平衡稳定。植物能进行光合作用的关键在于绿叶中含有叶绿素，而只有结合了镁离子的叶绿素才能够发挥它的作用。可以说没有镁，植物就无法为生物进化提供环境条件，地球上也就不会有如今物种的多样性。

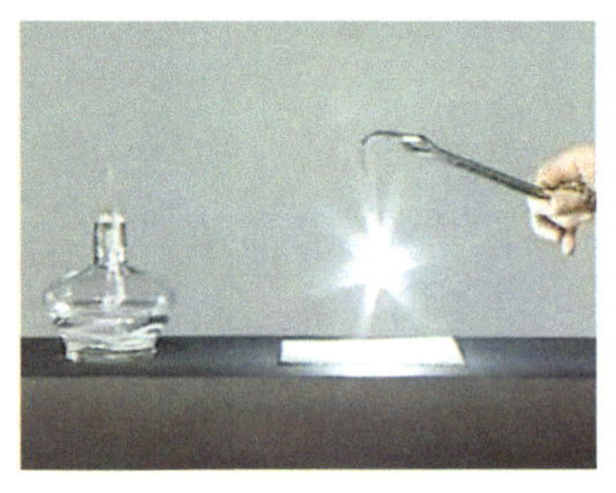

镁条燃烧

由内而“镁”

金属镁密度较小，属于轻金属，并具有银白色光泽，有延展性。在空气中，镁的表面会生成一层很薄的氧化膜，使空气很难与它反应。镁具有较强的还原性，和醇、酸、热水反应能够生成氢气。粉末或带状的镁在空气中燃烧时会发出强烈的白光（就是早期相机的闪光灯哟）。在氮气中进行高温加热，镁会生成氮化镁；镁也可以和卤素发生强烈反应；镁也能直接与硫化合。烟火中仍在使用镁粉[1]。

“镁”从何来？

镁是地壳中含量较多的元素之一，按质量排序为第八位。目前世界上炼镁的原料主要为菱镁矿、白云石、光卤石、蛇纹石、海水和盐湖水。

天然镁矿石

我国的镁储量占世界第一，各种类型的镁资源都十分丰富，已探明的菱镁矿资源主要分布在辽宁、山东两省，其余则分布在河北省（邢台）等多个省份。白云石是一种重要而分布很广的含镁工业矿物，是制取各种镁化合物的重要原料。我国的白云石主要产自台湾省。盐湖镁资源矿是另一种富含镁的矿产资源。我国的盐湖主要集中在青海察尔汗、昆特依、大浪滩、马海、一里坪和东、西台吉乃尔等盐湖群。除此之外，海洋也是镁的巨大仓库，且是一种可持续开发利用的资源。

青海茶卡盐湖

1808年英国化学家汉弗莱·戴维受到朋友的启发利用汞从苦土（主要成分为氧化镁）中分离出了镁。1941年，美国陶氏化学公司首创从海水中提取镁的工业方法[2]。

"镁"的踪迹

镁合金应用广泛，用于交通运输领域、电子工业、医疗领域和军事工业等，尤其在3C（计算机类、消费类电子产品、通信类）、高铁、汽车、建筑装饰、医疗康复器械等领域应用前景好，已成为未来新型材料的发展方向之一。

氢氧化镁（$Mg(OH)_2$），广泛用作阻燃剂、抗酸剂和胃酸中和剂。氢氧化镁在水中的悬浊液称为氢氧化镁乳剂，简称镁乳，用于中和过多的胃酸和治疗便秘。

氧化镁（MgO），用途广泛且差别较大。高纯氧化镁用于医药、电子、油漆、橡胶、硅钢、耐火材料等方面；原料矿煅烧氧化镁用于建筑、水处理和农业等方面。

溴化镁（$MgBr_2$），通常在治疗神经紊乱中用作镇静剂或抗痉挛药物。

氯化镁（$MgCl_2$），工业上生产镁的原料，在海水和盐卤中能找到；水合氯化镁是口服镁补充剂中通常使用的物质。

硫酸镁（$MgSO_4$），是一种在有机合成中很常见的干燥剂；因为镁是叶绿素的主要成分之一，硫酸镁在农业中被用作肥料；医药中，硫酸镁可被用来治疗指甲向内生长，也可用作泻药、抗惊厥药等。

生命之"镁"

镁是维持人体生命活动的必需元素，具有调节神经和肌肉活动、增强耐久力的神奇功能。此外，镁能减少血液中胆固醇的含量，防止动脉硬化、高血压和心肌梗塞，镁还可以防止药物或环境对心血管系统的损伤，提高心血管的抗病毒能力。国外医学专家还发现镁有降低癌症发病率的功效[3]。

镁的生理功能

1. 作为酶的激活剂

镁是许多酶重要的激活因子，参与300种以上的酶促反应。在生物遗传、细胞代谢过程中起到了非常重要的作用。

2. 促进骨的形成

镁是骨细胞维持正常结构和功能所必需的元素，对促进骨形成和骨再生，及维持骨骼和牙齿的强度和密度具有重要作用。

3. 调节神经肌肉的兴奋性

镁离子参与肌肉的收缩，过多的镁会降低肌肉的神经反应，甚至会导致局部甚至全身麻痹，更严重的会引起瘫痪。

4. 维护胃肠道和激素的功能

氧化镁具有帮助肠道蠕动的功能，被广泛应用于便秘治疗[4]。

5. 重要的神经传导物质

镁可以让肌肉放松下来；与含钙食品一同补充，能促进钙的吸收。

镁失衡的负面影响及改善方法

1. 缺乏

原因：一般情况下，饮食不足和利尿是导致低镁血症的最主要的因素。

摄入不足	急危重症患者则容易发生长期摄入不足的情况，由此导致出现明显的低镁血症。哺乳期或怀孕期的妇女、婴幼儿由于对镁的需求量增加，若不注意增加镁的摄入，也会出现轻度低镁血症
吸收不良	因胃肠道疾病而发生低镁血症，临床上并不少见，但容易被忽视
排泄过多	肾脏是调节镁代谢的主要器官，肾脏排泄镁增加是发生低镁血症的常见原因
体内重新分布	细胞外液的镁进入细胞内液，可引起转移性低镁血症

症状：由于轻度镁缺乏可无症状，有症状者，症状也无特异性，且常伴有其他电解质紊乱，故临床上难于识别，主要临床表现如下：

肌肉	肌肉软弱无力、痉挛、抽搐、眩晕，这些症状与缺钙相似。此外还可有眼球震颤、吞咽障碍、惊厥和昏迷。精神方面可表现为抑郁、妄想、不安、焦躁、易激动、幻觉、神志错乱和定向力丧失
心脏	可有心律失常，如频发房性或室性期前收缩、多源性房性心动过速、室性心动过速和心室纤颤。缺镁还可诱发心衰发生，使心衰病人用洋地黄治疗时易发生洋地黄中毒
代谢	镁对碳水化合物代谢中的能量产生过程起着重要作用，缺镁可引起代谢方面的改变并可导致动脉粥样硬化。在实验中已证明缺镁可引起高三酰甘油和高胆固醇血症
骨骼	持久缺镁者可发生骨质疏松和骨质软化

改善方法：首先在膳食方面应不偏食，多吃蔬菜、粗粮、豆品、果类、鱼类、动物内脏等富镁食品；食用含镁的低钠盐；必要时可进行营养强化；食用镁添加食品。中老年人和患有需补充镁的慢性疾病者可以用含镁保健药来补镁[3]。

含镁食物

2. 过量

原因：以急性或慢性肾功能衰竭多见，但一般肾功能衰竭患者血镁含量大多仍能维持正常或正常偏高水平，且无高镁血症导致的症状。如果一时摄入过多（如使用抗酸剂）或经其他途径进入体内过多（例如肌注硫酸镁等），则有可能出现明显高镁血症并出现症状，此外，甲状腺素可抑制肾小管镁重吸收，促进尿镁排出，故某些黏液性水肿的患者可发生高镁血症。

症状：过量的镁摄入会导致血清镁含量上升，主要临床表现如下：

血清镁含量 /毫摩尔·升$^{-1}$	1.5~2.5	2.5~3.5	5	＞5	≥7.5
症状	常伴有恶心、胃肠痉挛等胃肠道反应	出现嗜睡、肌无力、膝腱反射弱、肌麻痹	深腱反射消失	可发生随意肌或呼吸肌麻痹	可以发生心脏完全传导阻滞或心搏停止

高镁血症可引起低血钙，还可以导致骨异常。高镁血症还会影响血液凝固。当病人患尿毒症时，骨中镁含量显著增高。

改善方法：钙和镁之间有显著拮抗作用，可先从静脉输给10%葡萄糖酸钙或10%氯化钙，以对抗镁对心脏和肌肉的抑制，同时要积极纠正酸中毒和缺水。如血清镁仍无下降或症状不减轻时，应及早采用腹膜透析或血液透析[4]。

小贴士

1. 我国人体镁摄入量，成人为每天350毫克。因饮水中硬水含镁量较高，而软水含镁量较低，故缺镁者应饮硬水为宜。要补充镁，可以多吃含镁的食物，如榛子、南瓜子、黑芝麻、葵花子、虾皮、荞麦、黑豆、白芝麻、茶叶、黄豆等。此外，缺镁者应多吃全麦面粉和糙米。因为小麦本来含镁丰富，但加工成精白粉之后，含镁量只有全麦的15%，白米含镁量也只有糙米的1/3[5]。

2. 金属镁的主要用途是制造合金。含镁5%~30%的铝镁合金，是制造汽车、

举重运动员抓碳酸镁粉末

飞机的理想金属材料，因此有人称镁为“国防金属”。钛镁合金曾被用于制造“月球 -24 号”宇宙探测器，它曾率先拜访过“广寒宫”，并经历了白天 110℃、晚上 -120℃的急剧温差考验。因此钛镁合金被誉为“宇宙合金”。

3. 举重或体操运动员上场时，经常要抓一把白色的粉末在手中用于增加手掌与器械之间的摩擦力，这种白粉就是碳酸镁。

参 考 文 献

[1] 左卷健男，田中陵二．奇妙的化学元素 [M]．北京：煤炭工业出版社，2015.

[2] 陆鼎一．化学故事新编 [M]．苏州：苏州大学出版社，2007.

[3] 许涛，贺春宝．元素镁概论 [J]．微量元素与健康研究，2004(3):60~61.

[4] 朱万森．生命中的化学元素 [M]．上海：复旦大学出版社，2014.

[5] 孙健慧．哪些食物能治缺镁病 [J]．东方食疗与保健，2007(10):17~18.

钾的应用及其广泛，钾盐以硝石、明矾和草木灰的形式被认知了几个世纪之久，比如火药、燃料和肥皂的制造很大程度上要依靠它的帮忙。而钾元素则以盐的形式广泛地分布于陆地和海洋中，钾也是支撑人体肌肉组织和神经组织正常运行的重要元素。中国科学家在命名此元素时，因其活泼性在当时已知的金属中居首位，可谓是“钦定一甲第一名”，故用“金”字旁加上表示首位的“甲”字而造出“钾”这个字。

钾是什么？

钾为银白色金属，物理化学性质和钠非常相似。钾质软而轻，可用小刀切割。钾是热和电的良导体，并具有较好的导磁性。钾单质还具有良好的延展性，硬度也低。钾离子能使火焰呈紫色，可用焰色反应和火焰光度计检测。

金属钾

钾暴露在空气中，表面迅速覆盖一层氧化钾和碳酸钾，使它失去金属光泽（表面显蓝紫色），钾在空气中加热就会燃烧。与水剧烈反应，甚至在冰上也能着火，生成氢氧化钾和氢气，反应时放出的热量能使金属钾熔化，并引起钾和氢气燃烧[1]。

钾的来源

1807 年，汉弗莱·戴维电解熔融氢氧化钾发现有金属小球形成，这就是钾。他注意到当把钾扔到水里时，钾会在水面上游动，并燃烧发出美丽的紫色火焰。钾的化合物早就被人类利用，由于钾的化学性质极为活泼，因此钾在自然界中只以化合物形式存在。

中国的可溶性钾盐资源分布不均匀，且矿床往往以小型为主，矿量不多。我国的钾盐资源目前主要有两个重要的产区，分别是新疆罗布泊盐湖地区和青海柴达木盆地。氯化钾储量 7.91 亿吨，总计可供开采的钾盐资源 10.21 亿吨[3]。

生活中的钾

钾是农业生产的营养元素之一，对保障粮食安全具有重大意义。除了用作钾肥以外，作为工业原料，钾在陶瓷、玻璃、印染、纺织、医药、电子、冶金等方面也有巨大作用。

十二水合硫酸铝钾（$KAl(SO_4)_2 \cdot 12H_2O$），又称明矾、白矾等，有抗菌、收敛作用；可用于中药，也可用于制备铝盐、发酵粉、油漆、造纸、防水剂等，还可用于食品添加剂。

碳酸钾（K_2CO_3），可用于玻璃、印染、肥皂、制备钾盐，主要用于食品中作膨松剂。

氢氧化钾（KOH），主要用作钾盐生产的原料，如高锰酸钾、碳酸钾等。在医药工业中，用于生产钾硼氢、安体舒通、沙肝醇、丙酸睾丸素等。

氯化钾（KCl），是临床常用的电解质平衡调节药，临床疗效确切，广泛用于临床各科。

氧化钾（K_2O），主要用于无机工业，是制造各种钾盐如氢氧化钾、硫酸钾、硝酸钾、氯酸钾等的基本原料；医药工业用作利尿剂及防治缺钾症的药；日化工业用于制造肥皂。

钾与健康

钾在人体内的主要作用是维持酸碱平衡，参与能量代谢以及维持神经肌肉的正常功能。当体内缺钾时，会造成全身无力、疲乏、心跳减弱、头昏眼花，严重缺钾还会导致呼吸肌麻痹死亡。此外，低钾会使胃肠蠕动减慢，导致肠麻痹，加重厌食，出现恶心、呕吐、腹胀等症状。

钾的生理功能

1. 参与糖、蛋白质和能量代谢

糖原合成时，需要钾与之一同进入细胞，糖原分解时，钾又从细胞内释出。

2. 参与维持细胞内、外液的渗透压和酸碱平衡

钾是细胞内的主要阳离子，所以能维持细胞内液的渗透压。酸中毒时，由于肾脏排钾量减少，以及钾从细胞内向外移，因此血钾往往同时升高；碱中毒时，情况相反。

3. 维持神经肌肉的兴奋性

钾是维持细胞膜静息电位的物质基础，静息电位主要取决于细胞膜对钾的通透性和膜内外钾浓度差。此电位是影响神经肌肉组织兴奋性的重要因素。

4. 维持心肌功能

心肌细胞膜的电位变化主要动力之一是由于钾离子的细胞内、外转移。人体钾缺乏可引起心跳不规律和加速、心电图异常、肌肉衰弱和烦躁，最后导致心跳停止。一般而言，身体健康的人，会自动将多余的钾排出体外。但肾病患者则要

特别留意，避免摄取过量的钾。

钾失衡的负面影响及改善方法

1. 缺乏

原因：

(1) 钾摄入减少。消化道梗阻、昏迷、手术后较长时间禁食的患者没有及时补钾或补钾不够，就可导致缺钾和低钾血症。

(2) 钾排出过多：

1) 经胃肠道失钾是小儿失钾最重要的原因，常见于严重腹泻、呕吐等伴有大量消化液丧失的患者。

2) 经肾失钾是成人失钾最重要的原因。引起肾排钾增多的常见因素有：利尿药的长期连续使用或用量过多，某些肾脏疾病，肾上腺皮质激素过多，远曲小管中不易重吸收的阴离子增多，镁缺失，碱中毒。

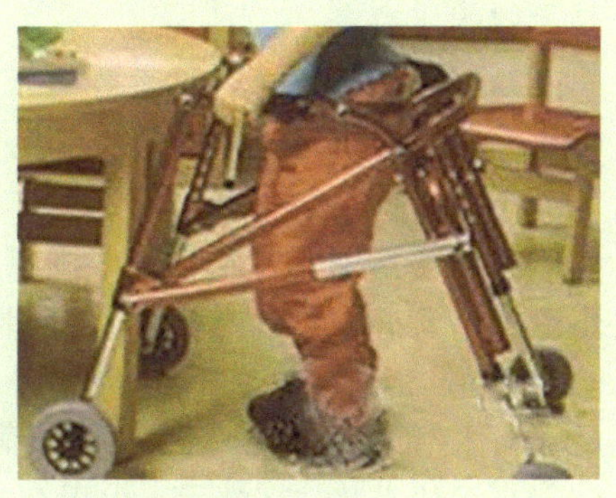

靠轮椅行走的“软病”病人

3) 在高温环境中进行重体力劳动时，大量出汗也可导致钾的丧失。

(3) 细胞外钾向细胞内转移。细胞外钾向细胞内转移时，可发生低钾血症，但机体的含钾总量并不因此减少。

(4) 粗制生棉油中毒。近二三十年来，在我国某些棉产区出现一种低血钾麻软病，在一些省内又被称为“软病”，是临床低血钾症的一种特殊类型。在我国棉产区发病较多，有明显的节季性和地区性，与食用粗制棉油有较密切的关系。

缺钾导致嗜睡

症状：四肢软弱无力，软瘫，腱反射迟钝或消失，严重者出现呼吸困难；神志淡漠，目光呆滞，嗜睡，神志不清；恶心，呕吐，腹胀，肠麻痹；心悸，心律失常。

改善方法：

(1) 低钾血症。急性低钾血症应采取紧急措施进行治疗；慢性低钾血症只要血钾不低于 3 毫摩尔 / 升，则可先检查病因，然后再针对病因进行治疗。

(2) 补钾应根据血钾水平而定。血钾在 3.5~4.0 毫摩尔 / 升者不必额外补钾，只需多吃含钾多的食品，如新鲜蔬菜、果汁和肉类食物。

补钾食物

轻症只需口服钾制剂，以10%氯化钾为首选药。在口服钾制剂过程中应监测血钾。

重症患者（包括心律不齐、快速心室率、严重心肌病、家族性周期性麻痹）应马上去医院进行治疗。

(3) 纠正水和其他电解质代谢紊乱。引起低钾血症的原因中，有不少可以同时引起水和其他电解质如钠、镁等的丧失，因此应当及时检查，一经发现就必须积极处理。如前所述，如果低钾血症是由缺镁引起，则若不补镁，单纯补钾是无效的。

2. 过量

原因：

(1) 肾排钾减少：1) 急性肾衰竭：少尿期或慢性肾衰竭晚期。2) 肾上腺皮质激素不足：如低肾素性低醛固酮血症。3) 保钾利尿剂：长期使用氯苯蝶啶、螺内酯（安体舒通）、氨氯吡咪（阿米洛利）。

(2) 细胞内的钾移出：1) 溶血、组织损伤、肿瘤或炎症细胞大量坏死，组织缺氧、休克、烧伤、肌肉过度挛缩等。2) 代谢酸中毒。3) 高血钾周期性麻痹。4) 注射高渗盐水及甘露醇后，由于细胞内脱水，改变细胞膜的渗透性或细胞代谢，使细胞内钾移出。

(3) 含钾药物输入过多。青霉素钾盐大剂量应用或含钾溶液输入过多、过急。

(4) 洋地黄中毒。洋地黄过量可致离子泵活力降低，影响钾进入细胞。

症状：

(1) 心血管症状。高钾使心肌受抑，心肌张力减低，故有心动徐缓和心脏扩大，心音减弱，易发生心律失常但不发生心力衰竭。心电图有特征性改变且与血钾升高的程度相关。

(2) 神经肌肉症状。早期常有四肢及口周围感觉麻木，极度疲乏，肌肉酸疼，肢体苍白湿冷。血钾浓度达7毫摩尔/升时四肢麻木软瘫，先为躯干后为四肢，最后影响到呼吸肌，发生窒息。中枢神经系统可表现为烦躁不安或神志不清。

(3) 其他症状。由于高钾血症引起乙酰胆碱释放增加，故可引起恶心呕吐和腹痛。由于高钾对肌肉的毒性作用可引起四肢瘫痪和呼吸停止。所有高钾血症均有不同程度的氮质血症和代谢性酸中毒。后者可加重高钾血症。

改善方法：

(1) 急性严重的高钾血症：

1）紧急措施为立即静脉推注10%葡萄糖酸钙10毫升，于5~10分钟注射完毕，如果需要，可在1~2分钟后再静注1次，可迅速消除室性心律不齐。

2）降低血清钾的治疗方法：将血浆与细胞外钾暂时移入细胞内。可静脉滴注高渗葡萄糖及胰岛素。如遇心衰或肾脏患者，输注速度宜慢。如果要限制入水量，可将葡萄糖液浓度调高至25%~50%。也可静脉推注5%重碳酸氢钠溶液，继以5%碳酸氢钠150~250毫升静脉滴注。此方法对有代谢性酸中毒患者更为适宜，既可使细胞外钾移入细胞内，又可纠正代谢性酸中毒。

⑵ 轻－中度高钾血症的治疗：

1）低钾饮食：每天摄入钾限于50~60毫摩尔。

2）停止诱发药物：停止所有可能导致血钾升高的药物。

3）阳离子交换树脂：以减少肠道钾吸收和体内钾的排出。

4）去除诱因：去除高钾血症的病因或治疗引起高钾血症的疾病。

小贴士

钾的发现

1807年，英国化学家戴维在电解水研究的基础上，设想用电解的方法从氢氧化钾、氢氧化钠中分离出钾和钠。最初，戴维用氢氧化钾饱和溶液进行电解。当他接通电源后，从阳极得到的是氧气，从阴极得到的是氢气，证明水被电解了，而氢氧化钾却没有被分解，于是他想在无水的条件下继续这项试验。可是干燥的氢氧化钾并不导电，必须在其表面吸附少量水分时才能导电。1807年10月6日，戴维将表面湿润的氢氧化钾放在铂制器皿里，并用导线将铂制器皿以及插在氢氧化钾里的电极相连，整套装置都暴露在空气中。通电以后，氢氧化钾开始熔化。戴维发现在阴极附近有带金属光泽的酷似水银的颗粒生成。这些颗粒一经生成便上浮，一旦接触空气，就立即燃烧起来，产生明亮的火焰，甚至发生爆炸。颗粒燃烧后光泽消失，成了白色粉末。当戴维看到这一惊人的现象后，欣喜若狂，竟然在屋子里跳了起来，并在笔记本上写下："重要的实验，证明钾碱被分解了！"

后来，戴维在密闭的坩埚中电解潮湿的氢氧化钾，终于得到了一种银白色的金属。戴维将这种银白色的金属颗粒投入水中，看到它在水面上急速转动，发出嘶嘶的声音，并燃烧发出紫色的火焰。他确认自己发现了一种新的元素。由于这种元素是从碱中分解出来的，所以戴维将它命名为"potassium"，中文译名为"钾"。

参 考 文 献

[1] 北京师范大学、华中师范大学、南京师范大学无机化学教研室. 无机化学 [M]. 4 版. 北京：高等教育出版社，2003 : 647~660.

[2] 元素发现史——钠、钾. 电解法获得的钠和钾 [EB/OL]. 陕西师范大学基础教育资网. 2012-06-19 [2015-7-20]. http://www.jixue.cn/jyzx/hx/hxsh1/20126/16426.html.

[3] 崔晓寰，杨云松，李正. 世界钾盐资源分布及特点 [J]. 科技创新导报，2014(1): 214.

钙（Ca）
原子序数 20

一提到钙你会想到什么？洁白的牙齿，坚硬的骨头，还是海边的贝壳？钙元素与我们的生活息息相关，而且在工业、建筑、医学中也应用广泛。离开了钙，我们身体的许多生理功能都会受到影响，无法正常维持。

什么是钙？

金属钙

钙是一种银白色的金属，质地很软，有金属光泽。钙的化学性质活泼。常温下，放置在空气中，钙表面会形成一层氧化物或氮化物薄膜，可减缓进一步腐蚀；能与水反应生成氢氧化钙并放出氢气；跟盐酸、稀硫酸等反应生成盐和氢气。加热时，它能与大多数非金属直接反应：与氧化合生成氧化钙，与氮化合生成氮化钙，与氟、氯、溴、碘等化合生成相应卤化物，与氢气在 400℃催化剂作用下生成氢化钙，与碳在高温下反应生成碳化钙。加热时几乎能还原所有金属氧化物，在熔融时也能还原许多金属氯化物[1,2]。

如何得到钙？

天工开物中煤饼烧制石灰

钙是地壳中含量最丰富的第五种元素，主要的含钙矿物有石灰石、白云石、石膏、萤石、磷灰石、石棉等。在我国，白云石主要产自东北，石膏主要产自西藏、山东、江苏、宁夏和山西，萤石主要产自浙江，而大理石则主要产自云南。

我国很早就掌握了制取石灰的技术。明代科学家宋应星在《天工开物》一书中详细介绍了制备石灰的方法：“先取煤炭泥和做成饼，每煤饼一层叠石一层，铺薪其底，灼火燔之。”

而金属钙则是由英国化学家戴维和瑞典化学家贝采里乌斯在 1809 年首次制得的。

身边的钙

古代建筑中常见的大理石的主要成分就是钙，钙的化合物也被广泛应用到现代建筑中。在工业领域中，钙可用作脱氧剂；电子管制作中，钙用作吸气剂；钙还是有机溶剂的脱水剂。

氧化钙（CaO），俗称石灰或生石灰，可作填充剂、分析试剂，是制造电石、纯碱、漂白粉等的原料，除此之外，它还被用作建筑材料、冶金助熔剂、水泥速凝剂、荧光粉的助熔剂等。

氢氧化钙（$Ca(OH)_2$），俗称熟石灰、消石灰，可用于制取漂白粉和改良土壤酸性，常被用作硬水软化剂和自来水消毒澄清剂，除此之外在建筑工业也多有应用。

碳酸钙（$CaCO_3$），俗称石灰石、大理石、方解石，呈碱性，基本上不溶于水，溶于酸。它是地球上常见的物质，也是动物骨骼或外壳的主要成分，所以常被用作补钙剂。它也是重要的建筑材料，工业上用途很广，在橡胶、油墨、涂料等产业也有着极大的应用。

硫酸钙（$CaSO_4$），在我们的生活中用途广泛。二水合硫酸钙是石膏，可以用于外科医学上的固定，可以用于制造人造骨骼，用于从豆浆中析出豆腐，工业上制取水泥的原料之一，工业生产粉笔的原料，在园艺上用作土壤改良剂。

硅酸钙（Ca_2SiO_4），主要用作建筑材料、保温材料、耐火材料，是涂料的体质颜料及载体，还可作助滤剂、悬浮剂和分析试剂。

次氯酸钙（$Ca(ClO)_2$），是漂白粉的主要成分之一，有杀菌性及氧化性。

磷酸钙（$Ca_3(PO_4)_2$），是人骨骼的主要成分。

钙与人体密切相关

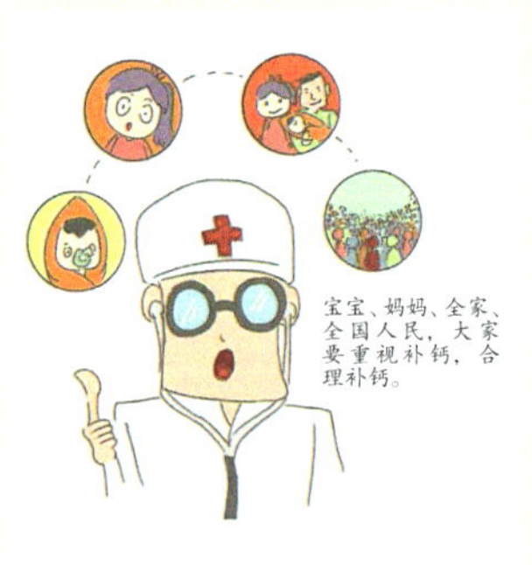

医生喊你补钙啦

人体内的钙，99% 作为构成骨骼和牙齿的主要成分存在，1% 参与调节机体的生理功能。

对生长发育期的儿童和妊娠期的妇女及老年人来说，钙尤为重要。胎儿或儿童体内缺钙会引起生长发育迟缓、骨质和牙齿质量差、骨骼和牙齿畸形等问题；成年人缺钙易导致失眠和骨质增生；老年人缺钙则易患骨质疏松症。

钙的生理功能

1. 血凝作用

钙作为一种凝血因子，可以催化凝血酶原转变为凝血酶，而后者可使纤维蛋白原聚合为纤维蛋白，使血液凝固。

2. 细胞壁渗透作用

钙离子具有调节细胞壁渗透性的作用，使体液正常通过细胞壁。因此，通常用钙来缓解由于过敏等症所引起的细胞壁渗透压的改变。

3. 钙在神经冲动传递中起一定作用

钙与肌肉的收缩和舒张有关。当体液中钙的浓度下降时，神经和肌肉兴奋性提高，肌肉出现自发性收缩，严重时出现抽搐；当体液中钙的浓度上升时，则抑制神经和肌肉的兴奋性。

4. 钙是多种酶的激活剂

钙离子可激活多种酶，如腺嘌呤核苷三磷酸（ATP）酶、琥珀酸脱氢酶、脂肪酶和一些蛋白质分解酶等[3]。

钙失衡的负面影响及改善方法

钙在人体中的含量变化超过一定范围会对人体造成损害，这种现象称为钙失衡。钙失衡分为钙缺乏和钙过量。

1. 缺乏

原因：

造成缺钙的原因有多种，主要有：

(1) 钙摄入不足：物质缺乏、偏食。

(2) 维生素 D 缺乏：不晒太阳、不吃含维生素 D 的食物（动物肝等），维生素 D 有协助钙吸收、防钙排出和促进钙利用功能。

(3) 经常食用富含磷酸（比如可乐）、草酸的食物，形成磷酸钙、草酸钙影响钙吸收。

(4) 甲状旁腺功能不全，影响钙的正常代谢。

症状：

(1) 婴幼儿童的症状包括多汗、易惊、倦怠、睡眠不安、夜惊、夜啼，体弱、常感冒、食欲不好，个子不高，手足抽搐、便秘、烦躁不安，前额突出、鸡胸、下肢畸型、O 型或 X 型腿、佝偻病、小儿麻痹、骨骼发育不良、牙齿不整齐、生长发育缓慢等。

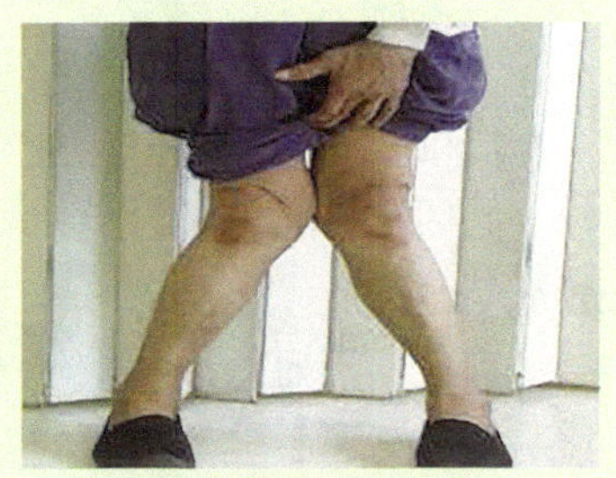

缺钙导致的 X 型腿

(2) 青少年的症状包括骨骼生长不良、发育迟缓、牙齿发育畸型、患荨麻疹、近视眼，注意力不集中，记忆力较差、易疲惫。

(3) 中老年的症状包括骨质疏松、易骨折、身高缩短、驼背、骨质增生、牙齿易出血、掉牙脱发、腰酸背疼、行走不便、头晕失眠、肩周炎、关节炎、

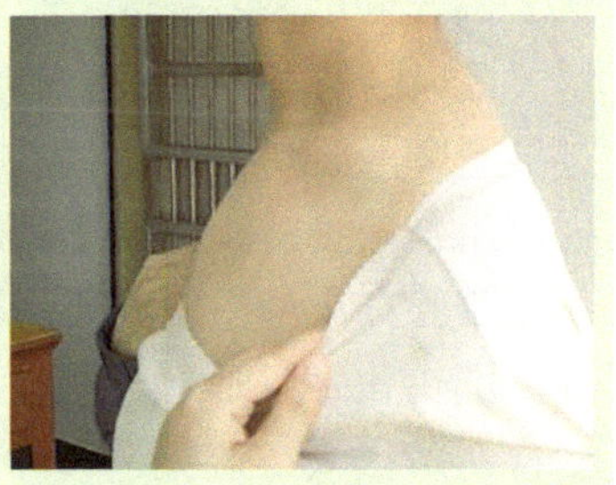

缺钙导致的鸡胸病

神经痛、动脉粥样硬化、高血压、心脏病、结石症、糖尿病、易疲劳、困倦、早衰、性功能低下、老年痴呆、便秘、大肠癌、渗出性水肿、皮肢骚痒、皮肤老化和头皮屑多。

(4) 孕妇的症状包括低血钙、掉牙、腰腿痛、小腿抽筋、下肢浮肿、产后关节痛、腰酸背痛、倦怠乏力、高血压、骨质疏松、骨软化症、骨盆畸形、牙齿松动等。

改善方法：

(1) 多食用钙质含量高的食物。含钙高的食物有牛奶、酸奶、奶酪、泥鳅、河蚌、螺、虾米、小虾皮、海带、酥炸鱼、牡蛎、花生、芝麻酱、豆腐、松籽、甘蓝菜、花椰菜、白菜、油菜等。

(2) 多做体育运动。运动可使肌肉互相牵拉，强烈地刺激骨骼，加强血液循环和新陈代谢，减少钙质丢失，推迟骨骼老化，同时有利于人体对饮食中钙的吸收。

营养早餐

(3) 多晒太阳。紫外线能够促进体内维生素 D 的合成，利于钙的吸收。但紫外线不能穿透玻璃所以不能隔着玻璃晒太阳。

(4) 按时吃早餐。

(5) 对含草酸多的蔬菜先焯水破坏草酸（草酸能影响钙的吸收），然后再烹调。如：甘蓝菜、花椰菜、菠菜、苋菜、空心菜、芥菜、雪菜、竹笋。

(6) 服用钙剂，如葡萄糖酸钙及乳酸钙、活性钙、螯合钙。

2. 过量

原因：一般情况下，人体钙量过多的情况较少，主要是人们过度补钙造成。

症状：当血钙浓度大于 3 毫摩尔 / 升时，会导致贫血、厌食、腹泻、腹痛等。长期高血钙还会引起肾脏病变，发展为高血钙性肾脏病，慢性肾功能衰竭，钙滤过负荷增加，肾小管对钙重吸收减少可致高钙尿症、肾结石。

倘若婴儿补钙过量，严重的话甚至会导致高钙尿症，同时婴儿补钙过量会抑制婴儿大脑的发育，以至于影响婴儿的生长。血钙过高使软骨过早钙化，前囟门过早闭合，形成小头畸形影响婴儿脑部发育，并且可以引起骨骼过早钙化，骨骺提前闭合，使长骨发育受到影响，影响婴儿身高等[3]。

改善方法：一旦发现钙过量，就应停止补钙，钙过量的症状就会消失。但是，骨骼的钙化一旦形成，往往没有很好的消除办法。对高尿钙症需要多饮水，限制食盐的摄入，避免进食含有草酸过多的果汁及巧克力等，并在医生指导下服用利尿剂。

小贴士

喝骨头汤补钙吗？

“吃什么补什么，喝骨头汤补钙”，但事实并非如此。骨头中的钙能溶解在汤里的量很低，10 千克排骨熬成猪骨汤中的钙量还不足 150 毫克。曾经有人检测过，一碗骨头汤大约含有 2 毫克钙。按成人每日需要 800 毫克钙计算，估计需要 400 碗骨头汤才可以满足人体钙的需要。补钙应选择喝牛奶，吃绿色蔬菜、豆腐和鱼虾等食品。

奶奶的爱

补钙的三大误区你中了吗？

误区一，可乐当水喝。近些年骨质疏松的患者有年轻化的趋势，其中一部分原因可能要归咎于年轻人常喝的可乐、雪碧，碳酸饮料中含有磷酸，它不仅会降低人体对钙的吸收，还会加快钙的流失。

误区二，一次补太多。补钙一次不要补太多，应该少量多次。建议买剂量小的钙片，每天分两至三次服下。尤其对于老年人，胃肠消化吸收功能下降，少量多次补钙可以减少便秘、肾结石以及膀胱结石等问题的出现。

误区三，补钙后不注意运动。被人吃进的钙首先进入胃肠，再转移到血液，最后才从血液转移到骨骼。所以人只有多运动、增加锻炼强度和频率，血液中的钙才会向骨骼中转化。因此，运动能帮助提高钙吸收和保持骨密度。最有利于骨健康的项目是散步、慢跑、爬楼梯和跳舞，建议每周最少做两次有氧运动[4]。

参考文献

[1] 钙 [EB/OL]. 化工引擎－化工词典. [2015-7-20]. http://www.chemyq.com/xz/xz4/31789hmlve.htm.

[2] 中国大百科全书 [M]. 北京：中国大百科全书出版社，1993.

[3] 姚莉，段玉峰. 钙在人体中的平衡与健康 [J]. 广东微量元素科学，2004，11(3)：6~11.

微量金属元素

锂（Li）
原子序数 3

锂与我们的生活紧密相连，随着电脑、数码相机、手机等电子产品的不断发展，电池行业已经成为锂最大的消费领域。陶瓷产业对锂的需求量也呈上升趋势，用碳酸锂作替代材料是降低陶瓷产业能耗和污染的有效途径。与此同时，锂在玻璃中的各种新作用也在不断被发现，玻璃行业对锂的需求仍将保持增长。

锂的基本性质

锂是一种稀有金属，密度小，熔点低；金属锂很软，韧性和延展性好。

锂的化学性质十分活泼，在除去二氧化碳的干燥空气中几乎不与氧气反应，但在 100℃以上时发生燃烧，反应程度如同镁条燃烧一样，十分剧烈危险。在五彩缤纷的烟花中，就有锂的身影，在爆炸中可以发出紫红色的光。金属锂若露置在普通空气中会慢慢失去光泽。锂能同很多有机化合物发生反应，很多反应在有机合成上有重要的意义。

锂的原子结构示意图

锂从哪来？

锂在地壳中的含量约为 0.0065%，已知的含锂矿物有 150 多种，主要以锂辉石、锂云母、透锂长石、磷铝石矿等形式存在。锂虽为“稀有金属”，但它在地壳中的含量并不算稀有，它的丰度居第二十七位。海水中锂的含量不算少，总储量达 2600 亿吨，可惜浓度太小，提炼实在困难。

含锂盐湖

某些矿泉水和植物机体里，含有丰富的锂。

如有些红色、黄色的海藻和烟草中，往往含有较多的锂化合物，可供开发利用。中国的锂矿资源丰富，以中国的锂盐产量计算，仅江西云母锂矿就可开采上百年。

身边的锂

现在电子产品随处可见，在它们的电池中，锂都是不可缺少的一部分。锂还广泛应用于陶瓷、玻璃、润滑剂以及光电等行业。

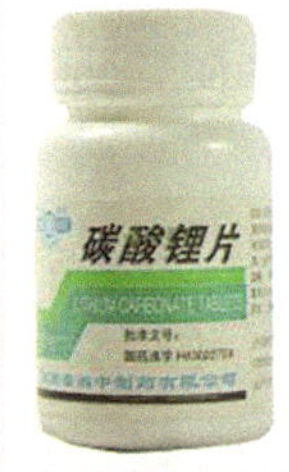

碳酸锂药片

氧化锂（Li_2O），由金属锂和氧气直接合成，用于制锂盐。

氢氧化锂（LiOH），呈强碱性，可用作光谱分析的展开剂、润滑油。

氮化锂（Li_3N），是最好的固体电解质之一，还可作为催化剂。

氢化锂（LiH），可用作干燥剂，军事上可用作氢气发生来源。

碳酸锂（Li_2CO_3），用于制备化学反应的催化剂，半导体、陶瓷、电视、医药和原子能工业也有应用。

身体中的锂

锂是人体内一种微量元素，它的存在和变化对人体产生很大的影响。

锂的生理功能

1. 锂与人类心理

锂对中枢神经活动有调节作用，是有效的镇定剂，能镇静、安神，控制神经紊乱。锂可降低注意力分散，防止因孤独而引起的行为改变，降低攻击行为，以及使运动原自发活动正常化。

2. 锂与心血管疾病

锂能改善造血功能，提高人体免疫机能。锂也可以替代钠，用于心血管疾病的防治。

3. 锂与学习能力

学习困难的儿童身体中锂含量显著低于正常儿童。听觉、理解力、口语表达、定向力、行为和运动性的教师评分及总评分均与锂含量呈正相关[1]。

4. 其他

锂对生物膜也有保护作用，能增加膜结构的稳定性。碳酸锂还可用于治疗急性菌痢。2011 年德国耶拿大学动物实验则表明，锂元素具有延寿的作用[2]。

锂失衡的负面影响及改善方法

1. 缺乏

原因：日常饮食中，缺少对富含锂食物的食用，对锂的摄入过少。锂一般不需要专门的补充，但是我们也要了解什么食物中含锂元素较多，合理安排饮食。

症状：动物研究表明，锂缺乏可导致寿命缩短、生殖异常、行为改变等不良影响。此外，心脏病人和克山病（也称地方性心肌病）人体内锂含量也有降低。

改善方法：当体内锂含量过低时，可食用一些富含锂的食物，例如：糙米、谷类、芝麻[2]。

2. 过量

原因：在日常生活中，如果长期饮用含锂药物，就有可能造成体内锂含量超标；从事锂及其制品生产加工的工人也可能吸入过量的锂。

症状：锂过量的表现五花八门，视个体差异性不同。有直接刺激和腐蚀皮肤及黏膜的局部反应；吸入过量的锂还会造成肺水肿，更有产生中枢神经症状，有可能产生诸如头晕、口齿不清、手颤抖等神经问题，也有可能造成甲状腺功能衰退，可引起心脏传导和节律紊乱以及运动机能减退的扩张性心肌病，抑制甲状腺和碘的作用，导致甲状腺分泌减少、甲状腺肿和甲状腺功能低下等全身反应，因为锂主要通过肾脏排出，因而锂超标还可能造成肾中毒。此外，如果孕妇体内锂含量过高，胎儿正常发育就可能会受到影响，出现一些先天性缺陷。

改善方法：除了对症治疗和支持疗法外，一般用锂的拮抗剂——钠，把锂从组织中换出来，同时可给予甘露醉等利尿剂。钠可在胃肠道和肾近曲小管与锂竞争吸收和重吸收的部位，以减少吸收锂，故静脉注射生理盐水可加速把锂从体内赶出来。

为了避免体内锂含量超标，饮用含锂药物的病人应该定期检测血液中锂含量，及时调整剂量。其次，在工作中应采取一些防护措施，如佩戴口罩、手套等[2,3]。

小贴士

北美的郊狼一直是农场主的心头大患。为了让狼与羊和平相处，就需要氯化锂（LiCl）出场了。这种物质会让狼产生呕吐、腹泻、干渴等一系列不适，相信它们尝过一次就绝不想有第二次。人们就在羊肉里掺杂氯化锂，放在野外故意让狼吃到。渐渐地，郊狼对羊肉的味道敬而远之，对羊群的攻击行为也大大减少[4]。

参 考 文 献

[1] 秦俊法. 锂的生物必需性及人体健康效应 [J]. 广东微量元素科学，2000，7(8):1~14.

[2] 碳酸锂的生产工艺 [EB/OL]. 亚洲金属网，[2015-7-20]. http://baike.asianmetal.cn/metal/li/extraction.shtml.

[3] 杨师. 锂与人体健康 [J]. 金属世界，2000(4):10~11.

[4] 锂的十大趣闻 [EB/OL]. 果壳网，2012-5-8 [2015-7-20]. http://www.guokr.com/article/178276/.

钒（V）原子序数 23

钒是生物体生长的必需元素之一。一般认为，它可能有助于防止胆固醇蓄积、降低过高的血糖、防止龋齿、帮助制造红血球等。

钒的基本性质

钒是一种过渡金属元素，熔点很高，常与铌、钽、钨、钼并称为难熔金属。

金属钒

纯钒具有银白色金属光泽，硬度大，电阻高，具有良好的可塑性和可锻性，在常温下可制成片、拉成丝和加工成箔。钒的热传导性与铁相似。钒属于强还原剂，但是由于它容易呈现出钝态，因此在常温下化学性质不活泼。块状的钒能够抵抗空气和海水的腐蚀，只有氢氟酸、浓硫酸、硝酸以及王水才能使其溶解[1]。

钒的来源

四川攀枝花钒钛磁铁矿矿区

钒是世界上资源丰富、分布广泛的金属元素，其含量超过铜、镍、铬等。而且钒资源在自然界中相当的分散，一般不会单独存在，主要和一些金属矿共生[2]。它以化合物的形式比较分散地存在于钒铜矿、钒铅锌矿、钒酸铅矿、钒钛磁铁矿、钒酸钾铀矿、绿硫钒矿和钒云母中，还存在于海洋里海鞘、海参类动物体中。我国的钒储量居世界第一位，在四川攀枝花地区有一座世界罕见的钒钛磁铁矿[3]。

钒的化合物

钒是一种重要的合金元素，被称为“现代工业味精”，主要用于钢铁工业。含钒钢具有强度高、韧性大、耐磨性好等优良特性，因而广泛应用于机械、汽车、造船、铁路、航空、桥梁、国防工业等行业。

五氧化二钒（V_2O_5），广泛应用于冶金、化工等行业，主要用于冶炼钒铁。它还被用作有机化工的催化剂、无机化学品、化学试剂、搪瓷和磁性材料等。

钒酸钠（Na_3VO_4），可用作催化剂、油漆催干剂、媒染剂、缓蚀剂等，是钒冶金中最重要的钒酸盐。

偏钒酸铵（NH_4VO_3），主要用作化学试剂、催化剂、催干剂等。陶瓷工业广泛用作釉料。在钒的湿法冶金中占据重要的地位。

人体与钒

有关实验表明，老鼠或者小鸡如果体内的钒含量不足，就容易出现生长缓慢的情况，并且生殖技能还会衰退。由此可见，钒是生物体生长的必需元素之一[4]。

钒的生理功能

1. 抑制胆固醇的合成并加速其分解

不少研究表明动物缺钒可引起体内胆固醇含量增加、生长迟缓等。

2. 促进骨和牙齿中无机间质的沉积

钒可以促进骨和牙齿的矿化。流行病学调查表明，龋齿低发区的饮水中钒浓度较高，因此钒有防龋齿作用。

3. 影响造血功能

有实验证明，给营养性贫血大鼠投予钒及其他几种微量元素时，贫血得到改善；铁剂治疗的同时加入少量钒时血红蛋白恢复正常的时间可缩短 1/3~1/2。也有人证实，钒离子可以促进红细胞成熟[5]。

4. 钒在医药及其他领域的应用

钒是人体必需的一种微量元素，在葡萄糖代谢过程中发挥着重要作用。大量研究表明，糖尿病患者体内存在钒缺乏或不足的现象，给患者摄入含钒化合物能起到降低血糖、改善病情的效果。

此外，钒还能改善心肌的功能，并对由此引发的高血压有一定的治疗效果。钒还对肾肿大有一定的治疗效果，使肾功能得到改善，减少尿液中尿蛋白含量。此外钒对白内障患者的恢复也有一定的作用。据报道，钒甚至在癌症治疗方面都有一定的应用。

钒失衡的负面影响及改善方法

1. 缺乏

症状：最被认可的钒缺乏表现来自于 1987 年报道的对山羊和大鼠的研究，

钒缺乏的山羊表现出流产率增加和产奶量降低。大鼠实验中，钒缺乏引起生长抑制，甲状腺质量与体重的比率增加以及血浆甲状腺激素浓度的变化。对于人体缺乏症研究尚不明确。

改善方法：人体摄取钒主要通过食物，如海产品、橄榄油、红薯、土豆、山药、芋头、木薯、人参果、胡萝卜等[6]。

2. 过量

症状：金属钒的毒性很低，但是钒的化合物对人和动物有中度和高度毒性，其毒性作用与钒的价态、溶解度、摄取的途径等有关。价态越高，毒性越大。

急性钒中毒常由短时间内吸入高浓度含钒化合物的粉尘或烟雾引起，以眼和呼吸道黏膜刺激症状为主要临床表现。中毒症状一般较轻，重者也可致心、肾、胃肠及中枢神经系统功能损害。钒在人体内不易蓄积（但每天摄入 10 毫克以上或每克食物中含钒 10~20 微克，可发生中毒），故临床上钒中毒多为急性中毒。

改善方法：

(1) 立即离开染毒现场，安静保暖休息。必要时给氧气吸入。

(2) 主要对症处理，如咳嗽、咯痰者用镇咳祛痰剂，喘息者用支气管扩张剂。闻及肺部湿性啰音者，用抗生素防治继发性肺部感染等。

(3) 解毒驱钒可试用大剂量维生素 C 4~5 克等方法。口服氯化铵片 0.3~0.6 克，每日 3 次，可使尿液酸化，加速钒的排泄。

(4) 有明显皮肤损害者，可用清水将局部洗净后，涂以肤轻松等药膏，同时内服息斯敏等抗过敏药。

(5) 作业场所加强通风排毒，作业人员带防毒口罩。患有严重的慢性呼吸系统疾病、严重影响肺功能的胸廓、胸膜疾病、严重慢性皮肤疾病、明显的心血管疾病的人禁止接触钒的工作[7]。

小贴士

非“钒”钢铁

美国汽车大王福特先生曾非常感慨地说：“假如没有钒，也就没有汽车的今天。”在一次偶然的机会下，福特先生遇到了一块含有钒的特种钢材。从此之后福特先生进行了大量的研究实验，将钒钢用于了各种汽车零部件的生产中。如果说钢是虎，那么钒就是翼，钢含钒犹如虎添翼。只需在钢中加入少量的钒，就能使钢的弹性、强度大增，抗磨损和抗爆裂性极好，既耐高温又抗奇寒，在汽车、航空、铁路、电子技术、国防工业等部门，到处可见到钒的踪迹。

女神下“钒”

1830 年德国科学家维勒对一种产自墨西哥的褐铅矿进行了分析研究，发现它有一些奇特的性质，因此维勒推测其中可能存在一种新的金属元素。遗憾的是他的研究后来搁置了下来，从而失去了发现元素钒的良机。

同年，瑞典化学家塞夫斯唐摩在研究本国塔堡地区出产的一种铁矿石时，发现它炼出的铁性质有些异样，他决定把铁重新溶解在酸中进行分析研究，结果发现铁中有一些不溶于酸的黑色粉末，经检验它既不是铬，也不是铀，因此塞夫斯唐摩推测它是一种新的化学元素，并且用传说中斯堪的纳维亚半岛女神——凡娜迪丝（Vanadis）的名字给它命名，称为 Vanadium（元素符号 V）。

后来维勒的导师——瑞典化学家贝采里乌斯，将钒的发现经过编成了一个故事。他在 1831 年 1 月 22 日给维勒的信中说：“我要告诉你一件轶事，在古代遥远的地方，住着一位美丽而可爱的女神凡娜迪丝。一天有人来敲她的门，女神安详地坐着，心想让他再敲几下吧。但她再也没有等到敲门的声音，敲门的人已经走下台阶去了。女神望着远去的那个人自言自语地说，原来是维勒这个家伙。好吧，让他白跑一趟是应该的。如果不是他那么冷淡，我是会把他请进来的……几天之后，又有一个人来敲女神的门，这一次他敲个不停，女神终于起身去开了门，塞夫斯唐摩被请了进来，钒被发现了！”[7]

参考文献

[1]《有色金属提取冶金手册》委员会. 有色金属提取冶金手册 [M]. 北京：冶金工业出版社，1999: 277~288.

[2] 刘世友. 钒的应用与展望 [J]. 稀有金属与硬质合金，2000(2): 58~61.

[3] 徐德海，等. 化学元素知识简明手册 [M]. 2 版. 北京：化学工业出版社，2016.

[4] 朱万森 . 生命中的化学元素 [M]. 上海：复旦大学出版社，2014.

[5] 梅光泉，应慧芳. 钒及其化合物的化学性质及生物学行为 [J]. 微量元素与健康研究，2004，21(2): 57~59.

[6] 路慧哲，杜风沛，李向东. 保护人体健康的金属元素——铁、锌、钒 [J]. 大学化学，2010(s1): 85~89.

[7] 陆鼎一. 化学故事新编 [M]. 苏州：苏州大学出版社，2007.

铬（Cr）原子序数 24

我们的身体中有这样一种有趣的元素：它是一种人体必需的微量元素，它对于儿童的生长发育以及人体正常新陈代谢有着十分重要的作用；但当它换一种形态进入我们身体中时，却变成了一种有剧毒的物质。据报道，某电镀厂由于不注意环境的保护，导致了这种元素的大规模污染，致使附近一个有 50 多户人家的村庄，在近 30 年的时间里没有一个健康的婴儿出生。这种元素就是铬。

铬的基本性质

铬是一种银白色金属，质地坚硬，是最硬的金属之一。铬的密度为 7.20 克 / 厘米^3，熔点为 1857℃，沸点为 2672℃。铬是一种不活泼金属，在常温下对氧和湿气都是稳定的，但会和氟反应生成三氟化铬。铬具有很高的耐腐蚀性，在空气中，即便是在赤热的状态下，氧化也很慢。不溶于水，镀在金属上可起保护作用。

金属铬

铬的来源

铬属于亲氧和亲铁元素，在自然界中没有单质存在，而是以化合物形式存在，大多数存在于铬铁矿（$FeCr_2O_4$）、铬铅矿（$PbCrO_3$）中，也有少数存在于红宝石、蓝宝石、祖母绿和翡翠等宝石中，铬是一些宝石的致色元素。

世界上铬矿含量最丰富的国家有南非、美国和俄罗斯；中国铬矿资源比较贫乏，属短缺资源。中国铬矿床是典型的与超基性岩有关的岩浆型矿床，绝大多数属蛇绿岩型，矿床赋存于蛇绿岩带中，西藏罗布莎铬矿和新疆萨尔托海铬矿等都属此类[1]。

身边的铬

由于铬具有质硬而脆、耐腐蚀等优良特性，因此被广泛应用于汽车、冶金、化工、铸铁、耐火及高精端科技等领域。

氧化铬（Cr_2O_3），用作搪瓷、陶瓷、人造革、建筑材料的着色剂、耐晒涂料、研磨材料、绿色抛光膏，另外它还是印刷纸币的专用油墨。

铬酸酐（CrO_3），用于鞣革、电镀、催化、医药、蚀刻和火柴防腐、陶瓷上釉、玻璃着色等领域。

铬酸钾（K_2CrO_4），二级致癌物质，对眼、皮肤和黏膜具有腐蚀性。一般可用于金属防腐剂，印染的媒染剂等。

重铬酸钾（$K_2Cr_2O_7$），是酒精含量探测器的重要组成成分。酸化的重铬酸钾遇酒精由橙红色变灰蓝色，因此利用重铬酸钾可检测汽车司机是否酒后开车。也可用于制铬钒、火柴、铬颜料、电镀等。

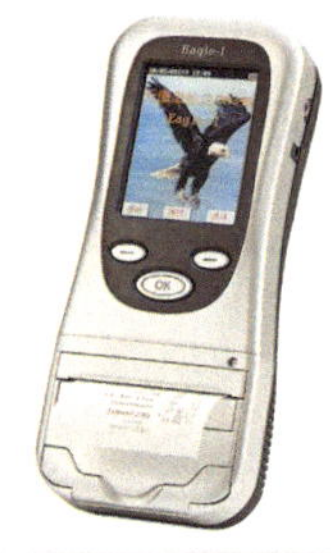

酒精含量检测仪

铬与人体的关系

自然界中铬主要是以三价（Cr^{3+}）和六价（Cr^{6+}）的形式存在。三价铬参与人和动物体内的糖与脂肪的代谢，是人体必需的微量元素；六价铬则是明确的有害元素，能引起人体血液中某些蛋白质沉淀，引起贫血、肾炎、神经炎等疾病。

铬的生理功能

1. 调节血糖

铬作为一种必要的微量金属元素，在所有胰岛素调节活动中起重要作用，它能帮助胰岛素促进葡萄糖进入细胞内的效率，是重要的血糖调节剂之一。在血糖调节方面，特别是对糖尿病患者而言有着非常重要的作用。它对血液中的胆固醇浓度也有控制作用，缺乏时可能会导致心脏疾病。

2. 为正常生长发育所必需

铬促进胰岛素在体内充分地发挥作用。在生理上对机体的生长发育来说，胰岛素和生长激素同等重要，缺一不可。胰岛素在人体内的作用非常重要，既是体内重要的合成激素可促进葡萄糖的摄取、贮存和利用，又可促进脂肪酸的合成，还能促进蛋白质的合成和贮存。因此，青少年想健康、科学地成长发育，一定不能缺少铬。

3. 铬与核酸代谢有关

铬在核酸中的含量较高，有助于核酸结构完整性和稳定性的维持。铬在细胞核中的积累似乎还表明三价铬离子有改变和调节基因的能力[2]。

铬失衡的负面影响及改善方法

1. 缺乏

症状：铬对某些酶系统有促进作用，抑制体内脂肪酸和胆固醇的合成，因而缺铬时血液中胆固醇含量增高，进而导致高血压和冠心病。

铬是胰岛素的一个必要的辅助因子，只有铬协助的胰岛素才能正常发挥作用。由此可见，当铬缺乏时体内糖代谢会发生紊乱，表现出血糖升高，继而可发展成糖尿病。

含铬食物

改善方法：据估计，人体每天需 20~50 微克铬即能满足生理需要。安全和适当的人体铬摄入量为每天 50~200 微克。食物中肉类及海产品含铬最丰富，在粗粮和红糖中也含有较多的铬。此外，豆类、花生、核桃、红枣、海带中铬也很丰富。由于人体的需要量极微，食物中能够满足，一般情况下不会发生缺铬的情况。当然，前提是保证流失不会过多[3]。

2. 过量

原因：在人体中，三价铬是生命活动所必需的，而六价铬对人体是有害的[3]。铬可经皮肤吸收，有用铬酸治疗疣或烧灼痔引起中毒的报告，铬在体内可影响氧化、还原和水解过程，过多的铬可使蛋白质变性、核酸和核蛋白沉淀、酶系统受干扰。

慢性铬中毒多由饮用含铬过高的啤酒而引起。所以喜欢喝酒的朋友们就要注意啦，一定要饮用有质量保证的啤酒。

症状：由于铬及其化合物广泛应用于化工、电镀、印染等工业。它常以粉尘、蒸气、废水形式污染空气、水源和农作物，因此过量铬对人类的危害也不可忽视。铬中毒表现如下[4]：

部位	全身性	局部性
症状	恶心、呕吐腹痛、吞咽困难、血压下降、甚至休克。婴儿误服含铬的颜料可出现惊厥、昏迷、瞳孔散大等中枢神经系统症状	上呼吸道炎症和黏膜溃疡。常在咽喉部出现红、肿、咳嗽、呼吸困难，发生支气管炎甚至肺炎

另外据流行病学调查研究发现，铬化合物是一种致癌物质。经常接触铬化合物的人群易得肺癌、肝癌、鼻癌等。美国、英国、德国、日本等工业发达国家铬矿石生产重铬酸盐的工人中，肺癌发病率很多，称其为“铬肺癌”。

慢性铬中毒表现为酸中毒、心力衰竭、休克等。此外，应用铬盐过量也可发生甲状腺肿大、心肌炎。

改善方法[4]：

误服中毒	立即用温清水彻底洗胃，在洗胃过程中动作要轻，以免伤及已受损的口腔、食管、胃黏膜。最好是让患者口服清洗液后，再催吐，反复进行数次，然后用牛奶或鸡蛋清保护食管和胃黏膜。可同时使用药物促使铬的排泄
皮肤黏膜吸入中毒	先用清水彻底将皮肤黏膜冲洗干净，防止从皮肤黏膜继续吸收引起全身中毒。皮炎可用氢化可的松或 5% 硫代硫酸钠软膏涂于患处。铬溃疡可用 10% 的维生素 C 溶液湿敷

小贴士

不锈钢的诞生

1913 年，英国科学家布里尔受命研制适用于制造枪管的合金钢。一次，他炼制了一种铬铁合金，经过测试，这种合金材料并不符合制造枪管的要求，因此随手将它丢进了废品堆。经过一段时间以后，布里尔偶然走过废品堆，发现大部分被丢弃的钢铁样品都已锈蚀，而只有一种样品依然毫不生锈，而且闪亮发光。布里尔立即将它取回重新进行研究，原来它就是铬铁合金。于是“不锈钢”之名也应运而生。

不锈钢

多彩的铬

铬是一种神奇的元素，在红宝石里它呈现出鲜艳的红色，在祖母绿中呈现出纯粹的绿色，而在变石中，它在日光下表现出绿色到蓝色，而暖光源下呈现出红色到紫色。不过也难怪，铬的英文名 chromium 来自希腊语“χρϖμα”（chrōma），意思正是“颜色”[5]。

被称为“绿色宝石之王”“哥伦比亚绿色之火”的祖母绿，因为含一定量的铬，具有天鹅绒般的翠绿色，使它从绿柱石家族中脱颖而出，成为绿色宝石中的老大。翡翠，玉中第一位，因其华贵的翠绿色，被尊称为“东方绿宝石”，就是因为其主要成分硬玉矿物中钠铝辉石的部分铝被铬所置换。软玉中的碧玉，在含有 0.12%~0.15% 的铬元素时，呈鲜艳的翠绿色。石榴石家族中含铬的成员，因含铬元素呈现翠绿色，身价就比同族的兄弟们高了很多，

含铬红宝石

成了绿色宝石中的新贵。如产于我国川康地区，被称做“三江祖母绿”的铬榴石，作为石榴石的一员，其中就含有 1%~2% 的铬。

另有被誉为“世界上最为闪耀的宝石”的翠榴石，因为其成分钙铁榴石中的 Fe^{3+} 被 Cr^{3+} 部分取代，其美丽程度完全不输于祖母绿和高档绿色翡翠，只是因为产量稀少、发现相对较晚（19 世纪中叶），就成为了一些矿物爱好者和宝石收藏者的新宠，其售价也相当不菲。

参考文献

[1] 徐德海，等. 化学元素知识简明手册 [M]. 2 版. 北京：化学工业出版社，2016.

[2] 刘进军，郭勇庆，刘洁，等. 铬在动物营养中的作用及其机理研究进展 [J]. 中国饲料，2014(20):15~18.

[3] 朱万森. 生命中的化学元素 [M]. 上海：复旦大学出版社，2014.

[4] 柏芳青，金仲品. 铬与人体健康和疾病 [J]. 微量元素与健康研究，2002，19(4): 77.

[5] 陆鼎一. 化学故事新编 [M]. 苏州：苏州大学出版社，2007.

“锰”是金属中比较有名的一种，“电热水壶析出锰对人体有害”这则消息一度让锰上了热搜排行榜。那锰真的那么可怕吗？

锰铁好兄弟

锰是银灰色的金属，与铁很像，但比铁要软一些。如果锰中含有少量的杂质——碳或硅，便变得非常坚硬，而且很脆。不过，纯净的金属锰用途并不太广，因为它比铁还易生锈，在潮湿的空气中，没一会儿便变得灰蒙蒙的，失去了光泽——表面生成了一层氧化锰。再说，锰的熔点为 1244℃，比铁低，机械强度不如钢铁，而价格又比钢铁贵得多，因此人们几乎不生产金属锰，而大量生产钢铁。

锰和锰矿

锰的现形地

锰矿物的利用历史十分悠久，据文献记载，世界上利用锰矿物最早的国家有埃及、古罗马、印度和中国。我国利用锰矿物的历史可追溯到距今 4500~7000 年前后新石器时代的仰韶文化（彩陶文化）时期。由于软锰矿呈土状，它的颜色为黑色，极易染手，在古人看来，这是一种奇妙的陶器着色颜料。

世界锰矿资源的分布极不平衡，95% 以上的锰矿储量集中在南非、俄罗斯、澳大利亚、加蓬、巴西和印度等少数几个国家。

锰的化合物

锰及其化合物的用途非常广泛，几乎涉及人类生产生活的方方面面。全球每年生产的锰中，约 90% 用于钢铁工业，10%用于有色金属、化工、电子、电池、农业等部门。

二氧化锰（MnO_2），用于合成工业的催化剂和氧化剂，玻璃工业和搪瓷工业的着色剂、消色剂、脱铁剂等。用于制造金属锰、特种合金、锰铁铸件、防毒面具和电子材料铁氧体等。另外，还可用于橡胶工业以增加橡胶的黏性。

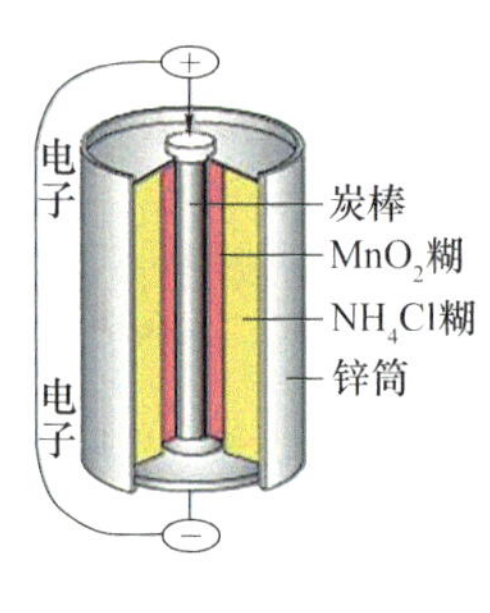

锌锰电池

高锰酸钾（$KMnO_4$），是一优良的氧化剂，用于漂白棉毛丝织品、油类的脱色剂，稀溶液被广泛用于医药卫生中的杀菌消毒剂。

硝酸锰（$Mn(NO_3)_2$），用于制纯二氧化锰；也用于金属表面磷化处理，陶瓷着色，制催化剂等。

硫酸锰（$MnSO_4$），用于电解锰生产和制备各种锰盐，是重要微量元素肥料，也是植物合成叶绿素的催化剂。适量的硫酸锰溶液，可使多种经济作物生长良好，增加产量。

碳酸锰（$MnCO_3$），广泛用作脱硫的催化剂、瓷釉颜料、锰盐原料，也用于肥料、医药、机械零件和磷化处理。

人必不可少的小伙伴

锰是人体必需的微量元素。锰参与许多酶的合成与激活，参与人体糖、脂肪代谢，加快蛋白质、维生素 C、维生素 B 合成，催化造血机能，调节内分泌，提高免疫功能；锰也是维持骨结构和生殖中枢系统正常的必需元素。

锰的生理功能

1. 促进骨骼的生长发育

锰在胚胎的早期发挥作用，促进生长、发育、繁殖、智力健全等。锰是构成正常的骨骼所必需的物质，也是制取甲状腺素非常重要的物质，它能使食物充分消化吸收，能缓解神经过敏和烦躁不安，能解除疲劳，增强记忆力，预防骨质疏松症。

2. 保证内分泌功能及脑功能的正常

锰元素能影响内分泌腺的功能、靶组织的活性及激素的生物学作用。临床证明，锰元素在人体内含量的正常对维持下丘脑—脑干—垂体—靶组织的生理功能是十分重要的，同时对阿尔兹海默症（老年痴呆的一种）具有疗效。

3. 改善机体的造血功能

锰元素能促进性激素及抗毒素的生成和促进人体骨骼的造血机能等，是造血过程的调节因素。有的人贫血不是因为缺铁，而是因为缺锰。

4. 保护细胞中遗传信息的完整性

锰能维持核酸的正常代谢，而核酸是遗传信息的携带者，它含有多种微量元素，锰就是其中的一种元素。它参与蛋白质和核酸合成，对于稳定核酸的构型和性质、DNA 的正常复制有着重要作用，对于遗传信息有一定的作用。

5. 维持正常的脂肪代谢和糖代谢

锰在人体内具有促进细胞内脂肪的氧化作用，减少肝脏内脂肪的含量，促进胆固醇的合成。锰元素对代谢过程有直接影响，能增强创伤组织的再生能力，促进创伤的愈合[1]。

锰失衡的负面影响及改善方法

1. 缺乏

原因：主要原因是摄入量不足。

症状：

(1) 人体内缺锰元素会造成早期胚胎发育不良，引起生长发育停滞，甚至会使下一代变成畸形、出现显著性滞呆、罹患先天性愚型和精神分裂症。如果人体内严重缺锰，有可能出现不能传宗接代的现象。

(2) 成人体内缺锰元素时会导致葡萄糖利用率降低，常出现食欲不振、体重下降的症状。缺锰容易引起高血压、肝炎、肝癌、衰老等病状。

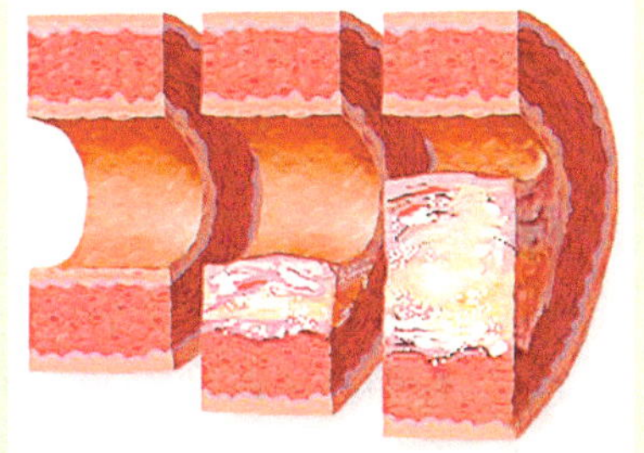

动脉粥样硬化过程

(3) 动脉粥样硬化是中老年人的常见病、多发病，在动脉硬化病人的心脏和主动脉内，锰的含量均减少。

改善方法：锰元素多集中在粮食的胚和表层部分，粗制的米、麦比精制的含锰量要高，所以主食以粗制为好，且粗细食品应搭配。另外，坚果、甜菜、绿叶和红叶蔬菜、茶叶等也是人们摄取锰元素的主要来源。海味和肉食中含锰量较低，脱脂奶粉中几乎不含锰元素。成人每天摄取 2.2~8.8 毫克的锰即可满足生理需要。

2. 过量

原因：可因口服高锰酸钾或吸入高浓度氧化锰烟雾引起，或长期吸入锰烟灰。其实在一般的生活中很少会出现锰过量中毒的情况，但是在特殊环境下工作的话，就要注意做好相应的保护措施。

症状：

(1) 引发心脑血管疾病。锰含量高时引起神经细胞退行性变、坏死和胶质细胞增生，脑血管内膜增厚，血管变窄、脑血流量减少。锰能抑制多巴胺形成，使体内多巴胺含量减少，引起血管收缩、血压升高。急性脑出血、脑血栓形成、蛛网膜下腔出血、动脉硬化与心肌梗死患者的血及头发中锰含量明显增高，有研究提出血锰与镍含量增高可作为心肌梗死早期诊断的可靠指标之一。

(2) 锰中毒：

1）急性锰中毒。口服高锰酸钾可引起口腔黏膜糜烂、恶心、呕吐、胃痛，重者胃肠黏膜坏死，剧烈腹痛、呕吐、血便，5~10 克锰可致死。在通风不良条件下进行电焊，可发生咽痛、咳嗽、气急，并发生寒颤和高热（金属烟热）。

2）慢性锰中毒。早期以神经衰弱症候群和自主神经功能障碍为主。晚期出现典型帕金森综合征、锥体外束受损的病理征象。

改善方法：驱锰治疗可用依地酸钙钠、促排灵或二巯丁二钠，近年来用对氨基水杨酸钠（PAS）治疗锰中毒。出现震颤性麻痹综合征可用左旋多巴和安坦[2]。

小贴士

“锰”被发现

公元 1770 年的夏天，维也纳人凯姆对几块“假化石”入了迷。“这个可以以假乱真的家伙，到底是由什么化学元素组成的？”他把一块“假化石”和两份炭黑的混合物放在坩埚里加热，得到了一种有光泽面的晶状脆性金属。他发现，这种金属的断面有从蓝到黄等各种色调的虹彩。后来，他把实验过程和结果写成论文，发表在维也纳的一份科学杂志上。

一年多后，化学家伯格曼看到凯姆那篇关于“假化石”的论文时，一拍大腿，跳了起来。他一边在实验室来回踱步，一边自言自语：“‘假化石’就是黑镁，肯定没错！”

经过多次实验，结合凯姆的论文，伯格曼确定“假化石”就是黑镁，黑镁中含有一种新元素。伯格曼有个很要好的朋友，就是大名鼎鼎的瑞典化学家舍勒。正醉心研究新元素的舍勒毫不犹豫地接过朋友的大旗，决心让这种新元素现形。公元 1774 年，舍勒向斯德哥尔摩科学院提交了一篇名为《“假化石”元素的性质》的论文，里面正式提出“假化石”中含有一种新金属元素的观点。

论文发表没多久，舍勒得知本国另一位化学家加恩也做过类似的实验。为了早日弄清“假化石”的奥秘，舍勒寄给加恩一些纯净的“假化石”。同时寄去的，还有一封信：“我焦急地等待着你用‘魔火’加热‘假化石’后得到的结果，我希望你能尽快送给我一小块这种金属。”

一个多月后，加恩回寄给舍勒一部分“魔火”提炼出来的金属。舍勒迅速写信给加恩，感谢他送去的“假化石”：“我认为‘假化石’中所含的金属元素，是一种区别于其他所有半金属的新元素。”舍勒经过研究，得出含这种新元素的金属的共性：这种银灰色的金属像铁，但比铁要软些，熔点比铁低，表面还易生锈，变得灰蒙蒙的没有光泽。他与加恩见面后，提出的这些观点，加恩也表示赞同。

后来，经过仔细的思考，舍勒决定用马格仙西亚镇的拉丁语（Managnese）来命名“锰”，元素符号则取其缩写 Mn。他进一步提出，“假化石”应该叫软锰矿，其主要成分是二氧化锰。

经过几国科学的不懈努力，“锰”元素终于现形于世！

这种误传你相信吗？

一则关于电水壶的消息曾在网络中疯传，消息的大致内容是：一种由高锰钢材料制成的不锈钢电水壶，在加热过程中会使“锰”析出，长期使用会对身体造成伤害甚至导致人变傻。其实，高锰钢中所含的锰元素，本来是一种高度不溶解元素，存在于容器材料中的锰如果不与酸性溶液接触，就不会“从锅里跑到饭菜里”；再者，由于人体消化系统对于锰的吸收概率只有 1%，绝大部分通过饮食进入到胃肠的锰会排出体外。因此，“长期使用高锰钢水壶会让人变傻”这不过是一句谎言而已！

含锰合金水壶

参 考 文 献

[1] 吴茂江．锰与人体健康 [J]．微量元素与健康研究，2007，24(6): 69~70.

[2] 杨心乐，王桂兰，张忠诚．锰与人体健康 [J]．医学综述，2006(18):1134~1136.

铁（Fe）
原子序数 26

在我们的生活里，铁可以算得上是最有用、最价廉、最丰富、最重要的金属了，铁元素不仅是当今最重要的金属，而且它也经常出现在一些历史小故事或者诗歌之中，例如铁杵磨成针、铁马冰河入梦来、雄关漫漫真如铁、城头铁鼓声犹震等。那么，我们对已经十分熟悉的铁，又会有哪些新的认识呢？

铁的基本性质

铁的性质比较活泼，是有光泽的银白色金属，硬而有延展性，有很强的铁磁性，并有良好的可塑性和导热性。日常生活中的铁通常含有碳因而暴露在空气中容易在遇到水的情况下发生电化学腐蚀，生成氧化铁，即铁锈。而纯度较高的铁则不易腐蚀。

铁及铁合金

铁易溶于稀的无机酸中，生成二价铁盐，并放出氢气。在常温下遇浓硫酸或浓硝酸时，表面生成一层氧化物保护膜，使铁“钝化”，故可用铁制品盛装冷的浓硫酸或冷的浓硝酸。在加热时，铁可以与浓硫酸或浓硝酸反应，生成三价的铁盐，同时生成有毒的二氧化硫或二氧化氮气体。

铁的发现

在人类历史上，铁曾经显赫一时，它是戴着神秘的光环降临人世间的。西亚赫梯人是最早发现和掌握炼铁技术的。我国从东周时就有炼铁，至春秋战国时代普及，是最早掌握冶铁技术的国家之一。我国最早人工冶炼的铁是在春秋战国之交时期出现的。从江苏六合县春秋墓出土的铁条、铁丸和河南洛阳战国早期灰坑出土的铁锛均能代表我国最早的生铁工具。生铁冶炼技术的出现，对封建社会的作用可以与蒸汽机对资本主义社会的作用相媲美。

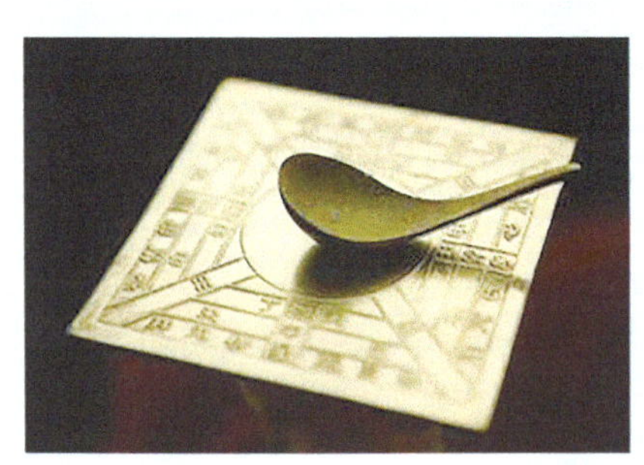
古代指南针——司南

铁的发现和大规模使用，是人类发展史上的一个光辉的里程碑，它把人类从石器时代、铜器时代带到了铁器时代，推动了人类文明的发展。至今铁仍然是现代化学工业的基础，人类文明所必不可少的金属材料。

无处不在的铁

铁是碳钢、铸铁的主要元素，装备制造、铁路车辆、道路、桥梁、房屋、土建均离不开钢铁构件。铁还是植物制造叶绿素不可缺少的催化剂。如果一盆花缺少铁，花就会失去艳丽的颜色，失去那沁人肺腑的芳香，叶子也发黄枯萎。

三氧化二铁（Fe_2O_3），是铁锈的主要成分。工业上称氧化铁红，是一种低级颜料，用于油漆、橡胶、塑料、建筑等的着色。

四氧化三铁（Fe_3O_4），硬度很大，带磁性。已广泛用于汽车制动领域，如刹车片、刹车蹄等。另外还可以用作颜料和抛光剂。

氢氧化铁（$Fe(OH)_3$），为棕色或红褐色粉末或深棕色絮状沉淀或胶体，用来制颜料、药物，用作净水剂（胶体时），也可用来做砷的解毒药等。

氯化铁（$FeCl_3$），易潮解，可蚀刻铜制的金属甚至不锈钢，可用作有机合成的催化剂。

铁与健康息息相关

对于人体而言，铁是不可缺少的微量元素。在十多种人体必需的微量元素中，铁无论在重要性上还是在数量上，都居于首位。

铁的生理功能

1. 组成血红蛋白以参与氧的运输和存储

铁是血红蛋白的组成成分，血红蛋白参与氧的运输和存储。由于体内铁的储存不能满足正常红细胞生成的需要而发生的贫血称为缺铁性贫血，一般缺铁持续3~5个月时发生。

2. 组成肌红蛋白、脑红蛋白

二者与血红蛋白结构近似，是携氧、储氧球蛋白。

3. 直接参与人体能量代谢

人体细胞内呼吸的氧化呼吸链中，很多酶是含血红素铁酶。

4. 对人体免疫系统有影响

人体内的铁无论是缺乏或过量都会对

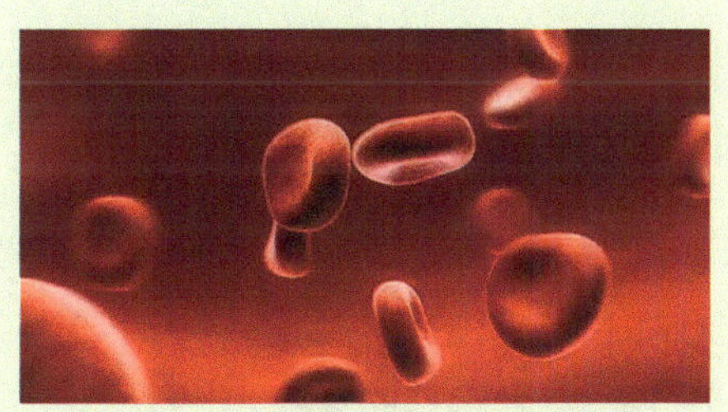

正常红细胞

人体的健康构成威胁，只有正常含量的铁才能保证人体健康[1]。

铁失衡的负面影响及改善方法

1. 缺乏

原因：

(1) 铁的需要量增加而摄入不足。在生长快速的婴幼儿、儿童、月经过多、妊娠期或哺乳期妇女的体内，铁的需要量增多，如果饮食中缺少则易致缺铁性贫血。

(2) 铁的吸收不良。因铁的吸收障碍而发生缺铁性贫血者比较少见。

(3) 失血。失血，尤其是慢性失血，是缺铁性贫血最多见、最重要的原因。消化道出血、食道静脉曲张出血等其他可引起慢性出血的疾病，妇女月经过多和溶血性贫血伴含铁血黄素尿或血红蛋白尿等均可引起缺铁性贫血。

症状：

(1) 导致机体供养不足，头晕，头痛，记忆力减退，思想不集中。

(2) 导致胃肠道的氧供应不足，造成胃肠功能动力不足，消化不良，食欲不振。

(3) 缺铁时氧气供应不上，稍有运动就会心慌，就是我们常说的心慌气短。

(4) 铁与其他物质共同构成对人体的免疫系统，缺铁的人群抗病能力很低，容易感染各种疾病和发炎。

(5) 缺铁性贫血除了会使女性出现不同程度的“未老先衰”的现象，还会出现月经不调引起痛经和流产。缺铁也会使胎儿在母体内发育迟缓，出现低体重儿、畸形儿。

(6) 影响少儿的智力和体格发育，特别在儿童的发育过程中起到很重要的作用，缺铁和贫血的孩子无论体力还是智力方面的发育远远不如身体健康的孩子。

(7) 影响人的情绪，出现情绪不稳定、易怒和常常烦躁不安等危害。

(8) 缺铁性贫血可导致男性雄性激素分泌的变化，缺铁的男性除了容易乏力外，还会出现工作运动能力明显下降等问题。

改善方法：

(1) 婴幼儿要及时添加辅食。4~5 个月添加蛋黄、鱼泥等；7 个月起添加肝泥、肉末、红枣泥等食物；另外，早产儿从 2 个月起、足月儿从 4 个月起可在医生指导下补充铁剂，以加强预防。

(2) 日常生活避免铁流失。忌过量饮茶及咖啡，因为茶叶中的鞣酸和咖啡中的多酚类物质可以与铁形成难以溶解的盐类，抑制铁元素吸收。因此，女性饮用咖啡和茶应该适可而止，一天 1~2 杯足矣。用铁锅炒菜易于铁的吸收。少用铝锅，因为铝能阻止铁的吸收。

(3) 及时服用补铁制剂，秉着安全高效的原则。市场上常见的口服补铁制剂多为富马酸亚铁、硫酸亚铁、乳酸亚铁等。而前两者对肠胃的刺激要远远大于乳酸亚铁。有肠胃疾病的患者不建议服用富马酸亚铁和硫酸亚铁。在服用过程中还需要注意以下问题：要饭后服用补铁制剂，忌牛奶与铁制剂同时服用。

(4) 多吃蔬菜和水果。蔬菜水果中富含维生素 C、柠檬酸及苹果酸，这类有机酸可与铁形成络合物，从而增加铁在肠道内的溶解度，有利于铁的吸收。

含铁食物

(5) 多食用含铁丰富的食物。如蛋黄、海带、紫菜、木耳、猪肝、桂圆、猪血等。

2. 过量

原因：一类是病理性铁过量，包括遗传性血色素沉着症、胃肠道铁吸收调控受损以及因血液疾病需要反复输血或严重贫血刺激铁吸收而造成过量铁的积累。另一类是摄入过多的铁而导致铁过量。

铁中毒导致恶心呕吐

症状：当正常的铁储存机制不能容纳总的机体铁时，过量的铁会导致组织炎症、多器官的损伤和纤维化，且铁本身不具有毒性，但当摄入过量或误服过量的铁制剂时也可能导致铁中毒。

急性铁中毒多发生在儿童，1 小时左右就可出现急性中毒症状，上腹部不适、腹痛、恶心呕吐、腹泻黑便，甚至面部发紫、昏睡或烦躁，急性肠坏死或穿孔，最严重者可出现休克而导致死亡。慢性铁中毒多发生在 45 岁以上的中老年人中，男性居多。由于长期服用铁制剂或从食物中摄铁过多，使体内铁量超过正常的 10~20 倍，就可能出现慢性中毒症状：肝、脾有大量铁沉着，可表现为肝硬化、骨质疏松、软骨钙化、皮肤呈棕黑色或灰暗、胰岛素分泌减少而导致糖尿病。对青少年还可使生殖器官的发育受到影响。

改善方法：对铁中毒的治疗，医生要对症处置，患者要按医嘱治疗。预防铁中毒，一是在服用硫酸亚铁等铁剂治疗贫血时，务必防止过量，并严防儿童误服；二是不要长时间将酸性食物存放在铁容器内，也不能用铁锅煮山楂等酸性食物，以免在酸性条件下铁大量溶入食物。

小贴士

生铁、熟铁和钢的区别

生铁、熟铁和钢的主要区别在于含碳量上，含碳量超过 2% 的铁，称为生铁；含碳量低于 0.02% 的铁，称为熟铁；含碳量在 0.02%~2.11% 之间的铁，称为钢。

生铁：工业生铁含碳量一般在 2.11%~4.3%，并含硅、锰、硫、磷等元素，是用铁矿石经高炉冶炼的产品。

熟铁：是生铁精炼而成的比较纯的铁。含碳量在 0.02% 以下，又称锻铁、纯铁。熟铁质地很软，塑性好，延展性好，可以拉成丝，强度和硬度均较低，容易锻造和焊接。

钢：是对含碳量介于 0.02%~2.11% 之间的铁碳合金的统称。在实际生产中，钢往往根据用途的不同含有不同的合金元素，比如：锰、镍、钒等。

参 考 文 献

[1] 徐素萍. 微量元素铁与人体健康的关系 [J]. 中国食物与营养，2007(12):51~54.

钴是维生素 B12 的组成元素，其生理功能也是通过维生素 B12 的作用来显示的。维生素 B12 生理功能的发挥，全看钴的“脸色”。钴缺乏，易导致贫血；钴中毒可能造成食欲不振、呕吐、腹泻等。因此，日常饮食把握好钴平衡，尤为重要。

钴的基本性质

钴是具有钢灰色光泽的金属，比较硬而脆，有铁磁性。它的主要物理、化学参数与铁、镍接近，属铁族元素。钴是中等活性的金属，抗腐蚀性能较好，常温时水、湿空气、碱及有机酸均对钴不起作用。钴能被硫酸、盐酸、硝酸溶解形成二价钴盐，能与稀醋酸缓慢作用。

钴粉

钴的来源

世界钴资源丰富，分布集中。据美国地质调查局 2015 年统计，全球已探明陆地钴资源量约 2500 万吨，储量 720 万吨，储量高度集中在刚果（金）、澳大利亚和古巴。中国的储量约 8 万吨。

钴的化合物

钴合金或含钴合金钢用于燃汽轮机、火箭发动机、导弹、化工设备及原子能工业。钴也是永久磁性合金的重要组成部分。在化学工业中，还用于有色玻璃、颜料、珐琅及催化剂、干燥剂等。

氧化钴（主要含 Co_2O_3，也含少量 Co_3O_4），作为磁性材料、可充电电池、高温合金等的原料。工业氧化钴主要用作制取钴基硬质合金的原料，其次用于颜料和釉料。

工业硫酸钴（$CoSO_4 \cdot 7H_2O$），主要用于电镀、陶瓷、玻璃、颜料等工业。

钴酸锂（$LiCoO_2$），是锂离子电池的正极材料[1]。

钴胺素（$C_{63}H_{88}CoN_{14}O_{14}P$），又称维生素 B12，是唯一含金属元素的维生素，也是唯一的一种需要一种肠道分泌物（内源因子）帮助才能被吸收的维生素。此外，维生素 B12 也是唯一含必需矿物质的维生素，因含钴而呈红色，又称红色维生素，是少数有色的维生素之一[2]。

钴与人体的关系

钴在医疗领域中有广泛的应用，钴的放射性同位素，可治疗皮肤病和恶性肿瘤，在青霉素中加入适量的钴，可以提高其疗效，对造血具有特殊功能的维生素B12中，钴含量高达4.5%。

钴的生理功能

1. 维生素B12的组成部分

钴是维生素B12的组成部分，因此，其生理功能的发挥也离不开维生素B12的支持，首先它需要合成维生素B12，然后发挥其造血功能；并对蛋白质的新陈代谢有一定作用；还可促进部分酶的合成，并有助于增强其活性。此外，它还有助于铁在人体内的储存以及肠道对铁和锌的吸收；促进肠胃和骨髓的健康等。

2. 与其他微量元素共同发挥作用

钴可以改善锌的生物活性，使锌易于在肠道吸收。钴可影响甲状腺代谢，在地方性甲状腺肿和水、土壤及食物中的含钴量之间存在着某种联系。地方性甲状腺肿与食物中缺钴有关，碘缺乏时钴能激活甲状腺的活性，钴能拮抗碘缺乏所产生的影响，钴和碘联合使用效果更佳，使用钴后即便没有碘，对减少甲状腺肿的发生也有一定作用。

3. 其他作用

钴能和蛋白质结合，同时对人体生长、发育、糖类和蛋白质代谢都有重要影响。钴可促进许多营养物质对机体的作用，可加速血红蛋白的合成，并扩张血管、降低血压等。钴还有驱脂作用，防止脂肪在肝细胞内沉着，预防脂肪肝。

钴失调的负面影响及改善方法

含钴食物

1. 缺乏

症状：钴的缺乏会直接影响到维生素B12生理功能的发挥，易导致贫血症、老年痴呆症等疾病的生成。并会出现气喘、眼压异常、身体消瘦等症状，易患上脊髓炎、青光眼以及心血管疾病。如果长期摄入不足，可导致恶性贫血或出现多种神经和精神异常的症状。

改善方法：人体缺钴可通过食物来源补充钴，以下列出含钴的食物：

含钴丰富	牛肝、蛤肉类、小羊肾、火鸡肝、小牛肾、鸡肝、牛胰、猪肾及其他脏器
含钴较多	瘦肉、蟹肉、沙丁鱼、蛋和干酪
含钴一般	牛奶、家禽肉和酸奶
含微量钴	面包、谷物、水果、豆类和蔬菜

2. 过量

原因：钴主要通过尿液排出，少部分由肠、汗、头发等途径排出，一般不在体内蓄积。经常注射钴或暴露于过量的钴环境中，可引起钴中毒。

症状：钴中毒的临床表现为食欲不振、呕吐、腹泻等。儿童对钴的毒性敏感，应避免使用每千克体重超过 1 毫克的剂量。在缺乏维生素 B12 和蛋白质以及摄入酒精时，毒性会增加，这在酗酒者中常见。

改善方法：目前无特效解毒剂。

小贴士

钴的拉丁文原意就是“地下恶魔”。数百年前，德国萨克森州有一个规模很大的银铜多金属矿床开采中心，矿工们发现一种外表似银的矿石，并试验炼出有价金属，结果十分糟糕，不但未能提炼出值钱的金属，而且使工人二氧化硫等毒气中毒。人们把这件事说成是“地下恶魔”作祟。在教堂里诵读祈祷文，为工人解脱“地下恶魔”迫害。这个“地下恶魔”其实是辉钴矿。1753 年，瑞典化学家波朗特从辉钴矿中分离出浅玫色的金属，制出金属钴。1780 年瑞典化学家伯格曼确定为钴元素。

参考文献

[1] 钴及化合物分析前言 [EB/OL]. 能源 / 化工 _ 工程科技 _ 专业资料，[2015-7-20]. http://www.docin.com/p-74298649.html.

[2] 维生素 B12 的作用和功效有哪些？ [EB/OL]. 微微健康网，2014-5-13[2015-7-20]. http://www.shipinzg.cn/ssys/20140513/577484.html.

镍（Ni）

原子序数 28

镍是人体必需的生命元素，也是最常见的致敏性金属，约有 20% 的人对镍离子过敏，在与人体接触时，镍离子可以通过毛孔和皮脂腺渗透到皮肤里面去，过敏比例女性要高于男性哦！

镍的性质

镍是一种银白色金属，有很好的延展性、磁性和抗腐蚀性，且能高度磨光。不溶于水，对酸和碱的抗蚀能力很强，但易溶于稀硝酸和王水中。纯镍在空气中不易被氧化。常温下，镍在潮湿空气中表面形成致密的氧化膜，颜色变暗，能阻止本体金属继续氧化。盐酸、硫酸、有机酸和碱性溶液对镍的浸蚀极慢。镍在稀硝酸中会缓慢溶解。发烟硝酸能使镍表面钝化而具有抗腐蚀性。镍同铂、钯一样，钝化时能吸大量的氢，粒度越小，吸收量越大。

诺里尔斯克镍矿

镍绝对算得上金属中的一员猛将，常被用于制造不锈钢、合金结构钢等，也被用于电镀、高镍基合金、电池、飞机、雷达和民用机械等领域。

镍从哪里来?

世界镍资源储量十分丰富，镍在地球中含量仅次于硅、氧、铁、镁，居第五位。在地核中含镍最高的是天然的镍铁合金。镍矿在地壳中的含量为 0.018%，其中铁镁质岩石含镍高于硅铝质岩石。世界上镍矿资源分布于红土镍矿约占 55%，硫化物型镍矿占 28%，海底铁锰结核中的镍占 17%。其中，海底铁锰结核由于开采技术及对海洋污染等因素，目前尚未实际开发。

硫化矿大部分采用造锍熔炼，得到高镍锍，再经镍精炼厂的不同精炼方法生产出不同的镍产品。硫化镍矿可采用火法冶炼，也可采用湿法冶炼，但只有个别工厂采用[1]。

镍和我们在一起

镍的化合物在自然界中有三种基本形态，即镍的氧化物、硫化物和砷化物。工业上常见的镍化合物有一氧化镍、三氧化二镍、氢氧化镍、硫酸镍、氯化镍和硝酸镍等。氧化镍、硫酸镍和羰基镍等是多器官毒物，可累及机体多种重要器官，导致各种毒效应。

三氧化二镍 (Ni_2O_3)：常作为较负电性金属（如 Co、Fe）的氧化剂，用于镍电解液净化除 Co。

一氧化镍 (NiO)：用作电子元件材料、催化剂、搪瓷涂料和蓄电池材料。

氢氧化镍 (NiOH)：制镍盐原料，碱性蓄电池，电镀催化剂等。

三氧化二镍粉末

镍和我们的身体

镍对人体的作用

镍是人体必需的微量元素，在人体内含量极微，正常情况下，成人体内含镍约 10 毫克，血液中正常浓度为 0.11 微克 / 毫升。在激素作用和生物大分子的结构稳定性上及新陈代谢过程中都有镍的参与，人体对镍的日需要量为 0.3 毫克[2]。

1. 镍对心脑血管系统的影响

镍可激活酶，促进心肌细胞修复与生长，同时参与人体某些酶代谢和组成，对维持人体生理功能起一定的作用，镍对冠状动脉和脑血管血流有一定的影响。

2. 镍对代谢的影响

镍是胰岛素分子的组成成分之一，能激活胰岛素，相当于辅酶，它可以稳定凝血机制中的易变因子。镍还是体内一些酶的激活剂，而这些酶均为生物体内蛋白质和核酸代谢过程中的重要酶，所以镍水平降低时就有可能引起机体代谢上的变化，从而导致某些器官的功能障碍。

3. 镍对神经系统的影响

镍可促进神经干细胞的分化，且促进向星形胶质细胞分化的作用强于向神经元的分化[3]。

镍失衡的负面影响及改善方法

1. 缺乏

原因：由于植物中含镍量较高，并且人体对镍的需求量比较小，因此动物与人不易缺镍。

症状：缺镍可引起糖尿病、贫血、肝硬化、尿毒症、肾衰和肝脂质和磷脂质代谢异常等。动物实验显示，缺镍会引起机体生长缓慢、死亡率升高，血细胞比容和血红蛋白及铁含量降低，使骨骼含钙量和肝、毛发、筋骨及大脑中含锌量下降，使肝变小并呈暗褐色，且超精细的结构也发生病理改变。家畜缺镍会引起畸形和褪色，外皮发育不良，镍不足还是不育的原因之一。

改善方法：在日常饮食中注意镍的摄入，食用一些含镍丰富的食物即可。

2. 过量

原因：人体吸收镍的途径是口腔食入、呼吸吸入和表皮吸收。镍具有积蓄性，可在人体各器官中积累，以肾、脾、肝中最多。大多数新生儿的肺、肝、肾及小肠中可发现镍，且肺部浓度随年龄增加而增大，在骨头及胆汁中也含有镍。

症状：口服大量镍会出现呕吐（像铜中毒一样）、腹泻等症状，发生急性胃肠炎和齿龈炎，用镍盐治疗贫血、头痛及失眠的人，可出现上述症状。

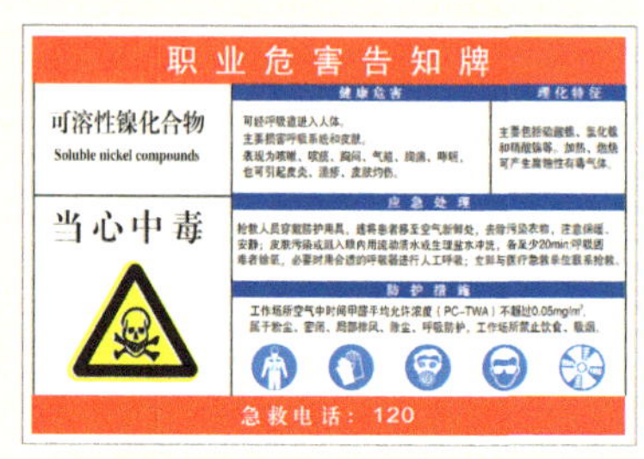

镍中毒危害告知牌

镍对人皮肤的危害最大，直接影响人的皮肤颜色，是人发生接触性皮炎的原因之一。镍引起的皮炎先是皮肤剧痒，后出现丘疹、疱疹及红斑，重者化脓、溃烂。

镍的毒性还与镍的形态有关，金属镍几乎没有急性毒性，一般的镍盐毒性也较低，但胶体镍或氯化镍、硫化镍和羰基镍毒性较大，可引起中枢性循环和呼吸紊乱，使心肌、脑、肺和肾出现水肿、出血和变性。其中羰基镍属高毒性、强致癌物质，微量即能引起动物死亡。

改善方法：职业接触镍的人员应定期到医院进行身体检查；非职业接触镍人员应远离镍冶炼、生产环境，特别是远离镍粉尘较多地区。

日常不锈钢用品不要长时间盛放强酸或强碱性食品谨防镍溶出；避免用不锈钢器皿煎中药，避免中药中的生物碱、有机酸等在加热条件下与之反应等。

尽量不吸烟，对废旧电池进行回收，避免环境污染。

镍中毒除了对症治疗及防止感染发生肺水肿和心力衰竭外，主要用配位剂改变体内镍的存在状态和加速体内镍的排泄[4]。

小贴士

你还敢吸烟吗?

众所周知，吸烟易引起肺癌，其原因之一就是镍为香烟中含有的 49 种微量元素中含量较高的元素，对肺和呼吸道有刺激和损害作用。镍也可能是白血病的致病因素之一。白血病人血清中镍含量是健康人的 2~5 倍，且患病程度与血清中镍含量明显相关。故测定血清中镍含量可以作为诊断白血病的辅助指标，并可借此估计病情，预测变化趋势。人体中镍的含量还与其他疾病有关，如发生心梗、中风、烧伤后，血清中镍的浓度增加。说明，当正常组织受到损伤时就释放出镍。此外，哮喘、尿结石等病都与人体内镍的含量有关。镍还有降低生育能力、致畸和致突变作用[4]。

最常见的导致接触过敏的金属元素——镍

衣物上的金属铆钉、按钮、紧固物、拉链、金属牌及标示物等与人体有直接和长时间接触的物品中镍的存在可能引起人的皮肤过敏，并可能导致过敏反应。针对此情况，欧盟对镍释放限量标准要求越来越严格。

镍过敏症不再是无关紧要的话题，生活中，除了衣物中经常接触到镍外，耳环、手表、硬币、儿童玩具和厨房用品中也经常会有接触。然而，有一种新的镍的释放源头，其影响往往为人所忽视，那就是：智能手机。

2011 年，丹麦的一项研究对 50 台手机进行了测试，发现其中 18% 的手机 9 台会释放镍。2012 年 3 月，数据又获得更新，声称 25% 的手机会释放镍。即使我们热捧的部分 iPhone 机型也不例外，同样会释放出足以导致过敏的镍。

我们可以给手机戴上壳子，在皮肤和屏幕间形成屏障，阻隔镍的释放。或者用耳机代替直接对着电话通话，尽量减少手机机身跟脸部和耳朵的接触，减少镍过敏的发生几率。

参考文献

[1] 镍矿资源分布及年产量 [EB/OL]. 亚洲金属网，[2015-7-20]. http://baike.asianmetal.cn/metal/ni/resources&production.shtml.

[2] 镍对人体健康的影响 [EB/OL]. 亚洲金属网，[2015-7-20]. http://baike.asianmetal.cn/metal/ni/health.shtml.

[3] 郑克纯，宋志忠. 镍与人体健康关系的研究进展 [J]. 现代预防医学，2009，36(3)：430~431.

[4] 康立娟，孙凤春. 镍与人体健康及毒理作用 [J]. 世界元素医学，2006，13(3):39~42.

铜（Cu）

原子序数 29

铜也是人类使用最早的金属之一，中国青铜器制作精美，在世界享有极高的声誉和艺术价值，代表着中国 4000 多年青铜发展的高超技术与文化。生活中，我们对它再熟悉不过，它常见于电线、奖牌中。它还与人体的生长发育、生命代谢以及疾病的防御关系密切，如果我们真正能够了解它的生理功能，掌握它与人类健康的密切关系，那将对预防和诊断人体出现的某些疾病，提高人类身体素质，延长寿命有非常重要的意义。

铜的基本性质

铜管

铜是呈紫红色光泽的金属，有很好的延展性。导热和导电性能较好，仅次于银。铜的颜色很像金，但发红，水合铜离子的颜色为蓝色。

铜容易被卤素、硫等腐蚀，硫化橡胶可以使铜变黑。铜在干燥空气中稳定，可保持金属光泽。但在潮湿空气中，表面会生成一层铜绿，保护内层的铜不再被氧化。

古人怎么采铜？

古代人是根据经验寻找铜矿。因无机械破碎技术与设备，为地表开采和近地表开采，以氧化矿石为主，自然铜和孔雀石是主要含铜矿物，且易冶炼。古代采矿者采取了竖井、斜井、斜巷、平巷相结合，及多种中段的开采方式，初步有效地解决了井下的通风、排水、提升、照明和巷道支护等一系列复杂的技术问题。采矿工具有铜斧、铜锛、木锤、木铲、船形木斗、竹篓等简易工具。从狭窄的竖井、盲井和平巷来看，古代人采矿环境极为恶劣，用绳子将人系住，放入竖井底，人在巷道中匍匐前进，用木铲铲矿泥、矿土倒入竹篓中，通过竖井将矿泥、矿土提至地表，供冶炼之用。用坩埚、熔炉等炼铜设备火法炼铜。

宋《太平寰宇记》记载：“大冶县白雉山，山高一百十五丈，其山有芙蓉峰，前有狮子岭，后有金鸡石，西南出铜矿，自晋宋以来俱置炉烹炼。”可见当时铜矿采掘业相当发达。

铜与生活

铜是与人类关系非常密切的有色金属，被广泛应用于电气、轻工、机械制造、建筑工业、国防工业等领域。

硫酸铜（$CuSO_4$），是制备其他铜化合物的重要原料。同石灰乳混合可得波尔多液，用作杀菌剂；硫酸铜属中药中的涌吐药，性寒，味酸、辛，因其有毒，误服、超量均可引起中毒。可用于检验贫血。

五水硫酸铜

硝酸铜（$Cu(NO_3)_2$），可作有机反应催化剂，低毒，铜盐使人慢性中毒时，表现为神经系统机能紊乱、肝肾功能障碍、鼻中隔溃疡形成并造成穿孔。急性中毒时，引起恶心、呕吐、腹痛、腹泻，在血浆和尿中很快出现血红蛋白、黄疸、贫血，红细胞抵抗力下降。

铜与人体的关系

铜为健康的贡献

铜是生命所必需的微量元素之一，它在生物系统中起着独特的催化作用，能促进造血机能，调节铁的吸收和利用，维护毛发正常结构及神经系统的结构和功能，维护心血管与骨骼的健康，促进生长发育，保证内分泌功能的正常，具有多种生理功能[3]。

1. 参与、维持造血机能

铜参与造血过程，加速血红蛋白和卟啉合成，铜还可以加速幼稚红细胞的成熟和释放。

2. 参与酶的组成和活化

铜参与 30 多种酶的组成和活化，具有酶活性的铜蓝蛋白称“铜蛋白酶”，它是血清中唯一有效的亚铁氧化酶，能调节血清生物胺、肾上腺素和 5– 羟色胺酶的浓度。

3. 影响能量代谢

机体的生物转化、电子传递、氧化还原、组织呼吸都离不开铜。

4. 铜与免疫功能

铜和血浆铜蓝蛋白对机体的防御功能有重要作用。当人体受病原体侵袭时发病率高，补充铜，可显著减少感染机会。

5. 维持血管壁的完整性

铜有维持血管壁完整性的作用。赖氨酸氧化酶对动脉粥样硬化的初期形成中可能具有重要作用，缺铜可导致动脉粥样硬化。

6. 保护毛发正常色素结构

铜参与黑色素形成，缺铜时酪氨酸酶形成困难，无法催化酪氨酸形成多巴，多巴也不能变成黑色素，白化病与青少年白发的高发症与缺铜有关[4]。

铜失衡的负面影响及改善方法

1. 缺乏

原因：

(1) 铜摄入不足。

(2) 胃酸缺乏、胃肠切除、胰切除、胆道梗阻等可造成铜吸收不良。

(3) 青少年、孕妇生理需要量增加，铜相对供给不足。

(4) 肾病综合征、肠道疾病、慢性腹泻导致铜丢失过多。

(5) 锌、钼与铜有拮抗作用，食物中锌、钼增加时，铜相对减少。

症状：

(1) 人体内缺乏铜可导致神经系统失调，大脑功能发生障碍，使记忆力衰退。思维紊乱、反应迟钝，甚至步态不稳、运动失常。

(2) 缺铜还会影响心脏的生物电活动，从而导致冠心病的发生。

(3) 缺铜会妨碍黑色素的形成，引起头发变白。

(4) 缺铜会导致失眠，久而久之可发生神经衰弱、长期失眠。

改善方法：铜广泛存在于各种食物中，牡蛎、贝类海产品食物以及坚果类是铜的良好来源（含量为每 100 克含铜 0.3~2 毫克），其次是动物的肝、肾，谷类胚芽部分，豆类等次之（含量为每 100 克含铜 0.1~0.3 毫克），奶类和蔬菜类含量最低（每 100 克不高于 0.1 毫克）。此外，虾、龟板、鱼、蛤蜊、丹参中含量较高，红糖、芝麻、蘑菇、黑木耳、黄豆、芋头、茄子、白菜、小麦等中也含有一定量的铜。

富含铜食物

2. 过量

原因：

(1) 过量进食某些含铜丰富的食物。如坚果（特别是巴西果和腰果）、种子（特别是葵花子）、鹰嘴豆、肝脏以及牡蛎等。

(2) 与疾病有关。如生长激素缺乏、肾上腺皮质功能降低、骨发育不全、肝炎、胆道闭锁、感染性疾病。

(3) 使用铜制品作为烹饪工具。

(4) 缺锌也可以引起铜超标。

症状：铜稍微偏高对人体影响不大，因为健康人的肝脏排泄铜的功能极强。若铜偏高数倍，则可能铜中毒。体内的铜过量，会对身体造成危害。特别是一些可溶性铜盐，如果一次进入人体过多，会引起中毒。由于铜代谢的紊乱，引起这种金属在肝、脑等组织中沉积，当体内铜过剩时可引起肝豆状核变性等疾病。其症状类似于急性肝病，出现脑共济失调。铜中毒时可发生溶血、血红蛋白降低，血清乳酸脱氢酶升高以及脑组织病变等。

改善方法：若有铜中毒，可以采用特制的螯合剂予以排除。

小贴士

铜的价值

多年以前，在奥斯维辛集中营里，一个犹太人对他的儿子说："现在我们唯一的财富就是智慧，当别人说一加一等于二的时候，你应该想到大于二。"纳粹在奥斯维辛毒死了几十万人，父子俩却活了下来。

1946年，他们来到美国，在休斯敦做铜器生意。一天，父亲问儿子："一磅铜的价格是多少？"儿子答道："35美分。"父亲说："对，整个得克萨斯州都知道每磅铜的价格是35美分，但作为犹太人的儿子，应该说35美元。你试着把一磅铜做成门把看看。"

20年后，父亲死了，儿子独自经营铜器店。他做过铜鼓，做过瑞士钟表上的簧片，做过奥运会的奖牌。他曾把一磅铜卖到3500美元，这时他已是麦考尔公司的董事长。然而，真正使他扬名的，是纽约州的一堆垃圾。

1974年，美国政府为清理给自由女神像翻新扔下的废料，向社会广泛招标。但好几个月过去了，没人应标。正在法国旅行的他听说后，立即飞往纽约，看过自由女神下堆积如山的铜块、螺丝和木料后，未提任何条件，当即就签了字。

纽约许多运输公司对他的这一愚蠢举动暗自发笑。因为在纽约州，垃圾处理有严格规定，弄不好会受到环保组织的起诉。就在一些人要看这个犹太人的笑话时，他开始组织工人对废料进行分类。他让人把废铜熔化，铸成小自由女神；把水泥块和木头加工成底座；把废铅、废铝做成纽约广场的钥匙。最后，他甚至把从自由女神身上扫下的灰包装起来，出售给花店。不到3个月的时间，他让这堆废料变成了350万美元现金，每磅铜的价格整整翻了1万倍。

参 考 文 献

[1] 周平，唐金荣，施俊法，等. 铜资源现状与发展态势分析 [J]. 岩石矿物学杂志，2012，31(5):750~756.

[2] 精炼铜的产量和消费量 [M]. 中国有色金属工业年鉴编辑部，2011 ：659~660.

[3] 吴茂江，涂长信. 铜与人体健康 [J]. 微量元素与健康研究，2005，22(5):64~65.

[4] 李青仁，王月梅. 微量元素铜与人体健康 [J]. 微量元素与健康研究，2007，24(3):61~63.

锌被人们称做“人体的宝矿”，比喻为“生命之花”。锌是生命必需的微量元素之一，锌在人体内约含 1.4~2.4 克，它主要分布在人体的骨骼肌肉、血浆和头发中。研究表明，它对人体健康状况有着十分重要的调控作用。它参与了人体 90 多种酶的合成，与 300 多种酶的活性有关，许多蛋白质、核酸的合成都离不开它。锌在人脑中含量丰富，对生长发育、修复组织细胞、增强免疫力及提高小儿智力等有着重要作用。可不要小瞧它啦。

锌的基本性质

锌是一种浅灰色的过渡金属，在常温下，性较脆；100~150℃时，变软；超过 200℃后，又变脆。

锌是活性金属，在室温下，锌在干燥的空气中不发生变化，但在潮湿的空气中锌表面生成致密的碱式碳酸盐薄膜，可阻止锌的继续氧化。因此锌被广泛应用于镀锌工业，主要被用于钢材和钢结构件的表面镀层（如镀锌板），广泛用于汽车、建筑、船舶、轻工等行业。

锌加热至 225℃后氧化激烈，燃烧时呈绿色火焰。在一定温度下锌与氟、氯、溴、硫作用生成相应的化合物。锌属负电性金属，易溶于盐酸、稀硫酸和碱性溶液中，也易从溶液中置换某些金属，如金、银、铜、镉等。

锌的来源

锌是自然界中资源分布较广的金属元素。多以硫化物状态存在，主要含锌矿物是闪锌矿，也有少量氧化矿如菱锌矿、硅锌矿、异极矿、水锌矿等。目前全球探明储量为 25000 万吨，我国锌储量为 4300 万吨，全国已探明的锌矿床 778 处（2007 年），地质储量较多的省份有云南、广东、湖南、甘肃、广西、内蒙古、四川和青海等[1]。

锌的化合物

锌是重要的有色金属原材料，锌金属具有良好的压延性、耐磨性和抗腐性，能与多种金属制成物化性能优良的合金。

硫化锌（ZnS）：可用于制白色颜料及玻璃、发光粉、橡胶、塑料、发光油漆等。

氧化锌（ZnO）：它是一种常用的化学添加剂，广泛地应用于塑料、硅酸盐制品、合成橡胶、润滑油、油漆涂料、药膏、黏合剂、食品、电池、阻燃剂等产品中。

硫酸锌（$ZnSO_4$）：用于制造立德粉，并用作媒染剂、收敛剂、木材防腐剂等。

氯化锌（$ZnCl_2$）：氯化锌毒性很强，能剧烈刺激及烧灼皮肤和黏膜，长期与其蒸气接触时发生变应性皮炎。吸入氯化锌烟雾经 5~30 分钟后能引起阵发性咳嗽、恶心。对上呼吸道、气管、支气管黏膜有损害。

你缺“锌”吗?

锌是人体必需微量元素之一，广泛分布于全身各组织器官，具有重要的生理功能和营养作用。锌参与多种酶的合成，参与能量和物质代谢，促进生长发育，调节免疫反应，对人体健康状况具有重要的调控作用。

锌的生理功能

1. 锌是多种酶的功能成分或激活剂

锌是碳酸酐酶、RNA 聚合酶、DNA 聚合酶、乳酸脱氢酶、碱性磷酸酶等 200 多种酶的组成成分或激活因子，它们在蛋白质、脂肪、糖和核酸代谢以及组织呼吸起到重要作用。

2. 促进生长发育

锌是调节 DNA 复制、核酸代谢的必需组成部分，与蛋白质的合成密切相关，参与生长激素合成，对机体生长发育具有重要促进作用；影响细胞的分裂和再生，加速创伤组织愈合。锌还影响激素受体的效能和靶器官的反应及激素产生、储存和分泌，影响性发育，对生殖器官及第二性征发育及生育能力维持具有重要作用。

3. 维持细胞结构和生理功能

锌能对细胞膜的保护起协同作用。参与肝脏及视网膜维生素 A 还原酶和视黄醇结合蛋白的合成，促进视黄醛的合成和变构，并与视黄醇脱氢酶的活性有关。锌可促进维生素 A 的吸收，维持血浆维生素 A 的正常浓度及代谢。

4. 参与免疫功能调节

锌与免疫功能密切相关，是 T 淋巴细胞分化和成熟的必需物质，介导细胞免疫功能，可诱导 T 细胞合成细胞因子，加强免疫细胞之间的相互作用[2]。

锌失衡的负面影响及其改善方法

1. 缺乏

原因：

(1) 摄入量不足。机体不能合成和产生锌，也没有锌的特殊储存机制，主要从食物中摄取，因此当饮食中锌低于正常需要量时必然引起锌的缺乏。

(2) 吸收不良。某些胃肠性疾病、慢性肾病等疾病导致锌吸收障碍。饮食结构不合理，如摄入过高的钙及铁等元素影响锌的吸收。

(3) 丢失增加。某些寄生虫感染、长期慢性腹泻及失血、溶血、佝偻病多汗等易导致锌丢失增加，造成锌缺乏。

(4) 需要量增加。妊娠期、哺乳期妇女对锌的需求量增加；婴幼儿由于生长发育迅速、新陈代谢旺盛对锌的利用增加；处于应激状态如感染、患某些疾病等也会增加对锌的需求[3, 4]。

症状：

缺锌可表现为食欲不振、偏食挑食、厌食等，以及消化功能减退。毛发稀疏、面色差，皮炎经久不愈、伤口愈合慢。免疫力低下，易并发感染性疾病。

儿童缺锌还可导致生长发育迟缓，身高体重明显低于正常同龄儿童，严重者导致营养性侏儒症；甚至导致认知行为改变，性格孤僻或烦躁，并影响到智力发育等。孕期缺锌自然流产、早产及大月份生产发病率高，锌缺乏不仅关系自身健康，还会影响后代生长发育[3, 4]。

改善方法：

平衡膳食	肉类食品含锌约 20~60 毫克 / 千克，一般鱼类含锌 15 毫克 / 千克以上，牡蛎含锌量最高可达 1000 毫克 / 千克。其他含锌较多的食物有蛋黄、豆类、芝麻、核桃等坚果类。对于婴幼儿应提倡母乳喂养，从 4 个月起逐渐添加富含锌的蛋黄等辅食，儿童应粗细粮混食，养成不偏食、不挑食的良好饮食习惯
锌强化食品	在食品中强化锌是目前补锌较为有效、安全和经济的途径。强化食品中的锌容易被人体吸收，卫生部已批准锌作为食品添加剂用于饮料、谷类、盐类等食品中
锌制剂	最早使用的补锌药物是硫酸锌，但是由于对胃肠黏膜有刺激性而引起恶心、呕吐等副作用目前已少用。葡萄糖酸锌口服液因味道柔和、价格低廉成为儿童补锌最常用的锌制剂之一[2]

2. 过量

原因：空气、水源、食品被锌污染以及电子设备的辐射均可造成锌过量。

症状：长期大量补锌可发生慢性中毒，导致贫血、免疫力下降、出现小细胞低色素性贫血，甚而导致肝铁含量下降，发生顽固性缺铁性贫血[5]。

改善方法：当锌的摄入量过多时应该注意饮食中的调节，减少摄入，同时结合生物疗法进行相应的治疗。

小贴士

常见食物中的含锌量 （毫克 /100 克）

食物	锌	食物	锌	食物	锌
猪肉（肥）	0.69	青鱼	0.96	鸡蛋黄	3.79
猪肉（瘦）	2.99	草鱼	0.87	鸡蛋	1.1
牛肉（里脊）	6.92	鲈鱼	2.83	鸭蛋黄	3.09
牛肉（后腿）	4.07	鲫鱼	1.94	鸭蛋	1.67
鸡肝	2.4	鲤鱼	2.08	人乳	0.28
鸡血	0.45	黄鳝	1.97	牛乳	0.33
鸭肝	3.08	河蟹	3.68	酸奶（脱脂）	0.51
鸭血	0.5	河虾	2.24	奶酪（干酪）	6.97

参 考 文 献

[1] 锌的资源分布及其产量 [EB/OL]. 亚洲金属网，[2015-7-20]. http://baike.asianmetal.cn/metal/zn/resources&production.shtml.

[2] 胡焰，韩光宇，王健. 微量元素锌与人体健康初探 [J]. 当代医学，2011，17(3):152~153.

[3] 郑乃武，赵艳. 微量元素锌与人体健康 [J]. 医学信息，2010，23(3)：284.

[4] 兰晓霞. 锌缺乏与婴幼儿健康 [J]. 国外医学妇幼保健分册，2003，14(1):49~51.

[5] 董国立. 微量元素铁、锌、碘、硒、氟与人体健康的相关性探究 [J]. 工作探讨，2013，20(6):183~184.

钼是一种生命必需的微量元素，在众多的生理活动中起重要作用，然而却很少有人知道它，可以算是一种知名度很低却极其重要的金属元素。人体主要通过食物来摄取钼，成人体内钼总量约为 9 毫克，它在人体内含量的多少将直接影响人类的健康，就像一架天平，衡量着人的身体健康。因此，了解钼的性质及其生理功能可以帮助我们享受健康快乐的生活。

熔点冠军——钼

钼是一种银白色金属，粉末呈浅灰色或深灰色。密度为 10.2 克 / 厘米^3。熔点为 2610℃，除钨和钽外，是所有金属中熔点最高的；沸点为 5560℃。在常温下有很好的稳定性和耐腐蚀性。钼在常温和高温下强度都很高，膨胀系数小，电导率大，导热性能好，在常温下不与盐酸、氢氟酸及碱溶液反应，仅溶于硝酸、王水或浓硫酸之中，对大多数液态金属、非金属熔渣和熔融玻璃都相当稳定。

钼在哪里？

钼在地壳中的含量约为 $1.1\times10^{-4}\%$，属稀有金属，钼矿总储量约为 1500 万吨。自然界中钼矿石比较单一，主要有辉钼矿、钼钙矿、钼铁矿和钼铅矿等。钼矿石中常伴有钨、铋、铜、铅、锌、钴、铁、金、铌、铍、铼、铟、硒、碲、铀、硫等。集中分布在美国、中国、智利、俄罗斯、加拿大等国家[1]。我国钼矿床主要集中在河南（栾川钼矿床）、吉林（大黑山钼矿床）、陕西（金堆城钼矿床）和辽宁（杨家杖子钼矿床）四省。

天然钼矿石

钼的化合物

钼在钢铁工业中的应用居首要地位，占钼总消耗量的 80% 左右，其次是化工领域，约占 10%。此外，钼也被用于电气和电子技术、医药和农业等领域。

二硫化钼（MoS_2），辉钼矿的主要成分，它是固体润滑剂，在润滑脂、乳液、摩擦材料和胶粘涂料中应用。

钼酸盐（MoO_4^{2-}），在缓蚀剂和涂料中应用。可溶性钼酸盐，如钼酸钠溶解后，被用于集中供热系统的循环液和汽车发动机冷却液。不溶性钼酸盐被用于涂料底漆和涂料。

二硅化钼（$MoSi_2$），可作为特种陶瓷材料用于加热原件、鼓风炉、气体燃烧器、柴油机发热插头、金属熔融使用的“钎子”、航天、汽轮机、密封外套等。

钼与生活息息相关

各种微量元素都必不可少

众多研究结果表明，钼是人体必需的微量元素之一，也是多种酶的组成部分，在人体内主要通过影响钼酶的活性来实现其生物学功能。钼首先参与形成一些小分子的辅助因子，然后再以辅助因子的形式参与钼酶的合成。这种辅酶因子通常位于酶的活性中心部位，对维持酶的活性具有重要的作用[2]。钼在机体的主要功能是参与硫、铁、铜之间的相互反应。适量的钼能够促进人体发育，抑制肿瘤，维护心肌的能量代谢，保护心肌。

钼的生理功能

1. 保护心肌

钼缺乏可出现心跳加快、呼吸急促等现象，诱发心肌病或其他心血管病。动物实验证明，钼对心肌有保护作用。

2. 钼的抗癌作用

钼是一种抗癌元素，钼缺乏时会产生癌病如食道癌、肝癌、乳腺癌等。

3. 促进物质吸收

钼在人体内具有运载作用，人体对某些物质的吸收与运输，不是简单地扩散和渗透就能完成，而需要有载体的协助，钼和它的配合物在这个过程中担负着载体作用。

4. 保证人体正常发育

钼可以通过促进核酸和蛋白质合成来保证人体的正常发育，研究证实，钼过量能损伤生殖细胞及性机能，影响人体的生长发育。

除此之外，钼还有许多其他作用，如防止贫血、预防龋齿和肾结石、降解汞等毒性物质对机体的毒性作用[3]。

钼失衡的负面影响及改善方法

1. 缺乏

原因：普通膳食的人一般不会出现钼缺乏，长期全胃肠外营养的病人对亚硫酸盐氧化酶的需要量增大，可能会出现钼缺乏的问题。

症状：钼缺乏能引起许多病症。钼是一种抗癌元素。许多癌病，如食管癌、肝癌等都与钼有关。缺钼还可导致出现心跳加速、呼吸急促、躁动不安等现象；也可引起哮喘、枯草热、打喷嚏和眼睛瘙痒等症状；缺钼也易患心血管病和肾结石。

改善方法：人体缺钼时，可多食奶类、动物肝肾、干豆类、豆荚、小麦芽、花生、卷心白、大白菜、多叶蔬菜以及蜂蜜等，并在膳食上科学安排。营养不良者、近期患有严重灼伤或外伤者、以及血液中铜含量过高者等群体，虽然对钼有特殊的需要，但也要在医生的指导下进行补钼[4]。

含钼食物

2. 过量

原因：侵入途径：吸入、食入。

症状：人体内钼过量，能损伤生殖细胞及其机能，甚至产生钼中毒，影响人体的生长发育。钼过量还能抑制铜吸收，增加铜排泄。

改善方法：有关钼中毒的防治，人为补充含硫的氨基酸，如蛋氨酸、胱氨酸、蛋白质和硫酸盐等，可以促进钼的排泄，防止钼中毒[5]。

小贴士

“钼”瞪口呆：谁治好了加斯泰斯居民的牙痛病

我们知道有很多病会遗传，但牙痛病却是公认不被遗传的，而有个地方的居民世世代代都患有“遗传”的牙痛病，然而经过一次自然灾害后，这种牙痛病竟然被治愈了，到底是谁有这么大的本领呢？这就是钼。后来经过大量的科学研究，证实了自然灾害后的土地上种的蔬菜中的钼治好了他们的牙痛病。

举世无双的绝世宝剑

在武侠小说中，我们经常看到英雄人物手中的宝剑锋利无比，甚至“削铁如泥”，那么，这是纯属夸张，还是有一定的道理呢？将难熔金属如钨、钽、钛、钼等的碳化物硬质微粒与一种或几种铁族元素（铁、钴、镍等）的粉末混合，然后压制成型，再经烧结即可制得硬质合金。制造这种硬质合金的碳化物原料非常坚硬，其硬度与金刚石难分伯仲。它的加入为硬质合金提供了极高的硬度，称这些碳化物为硬质合金的基体。但是这种碳化物又很脆，不耐冲击，为了克服这一弱点，冶金学家们加入了铁族元素来降低合金的脆性，称这些铁族元素为黏结剂。用这种硬质合金制成的切割刀具，在切削一般金属时，速度达到了每分钟几十甚至几百米，堪称“削铁如泥”。

参考文献

[1] 黄凡，陈毓川，王登红，等. 中国钼矿主要矿集区及其资源潜力探讨 [J]. 中国地质，2011，38(5):1111~1134.

[2] 郑艺梅，胡承孝. 食物中的钼与人体健康 [J]. 广东微量元素科学，2005，12(8):1~4.

[3] 邱岭，殷立忠. 微量元素钼与人体健康 [J]. 微量元素与健康研究，2008，25(5):64~65.

[4] 吴茂江. 钼与人体健康 [J]. 微量元素与健康研究，2006，23(5): 66~67.

[5] 贾如宝. 钼缺乏与钼过多生物学作用的进展研究 [J]. 中国钼业，1995，19(4):49~53.

锡（Sn）
原子序数 50

在我们的生活中经常会用到锡箔纸，锡箔纸的原料就是锡和铝。锡是一种低熔点金属元素，也是大名鼎鼎的“五金”——金、银、铜、铁、锡之一。然而，直到20世纪 70 年代，人们才发现锡也是人体不可缺少的微量元素之一，它对人们进行各种生理活动和维护人体的健康有重要影响，它的神秘面纱才被真正地揭开。

锡的基本性质

金属锡柔软，具有银白色金属光泽，在常温下富有展性。特别是在 100℃时，展性非常好，可以展成极薄的锡箔。但其延性却很差，一拉就断，不能拉成细丝[1]。

宫廷用锡制器皿

锡的来源

在自然界中锡主要以自然元素、金属化合物、硅酸盐、硼酸盐等形式存在。目前已发现锡矿物和含锡矿物 50 余种，其中具有工业价值的矿物主要为：锡石、黄锡矿、圆柱锡矿、硫锡铅矿和辉锑锡铅矿。

锡矿呈带状分布，太平洋地区是主要蕴藏区，主要分布在东南亚和东亚两大锡矿带，其储量占世界总储量的 60%。据统计，全世界有 40 多个国家拥有锡矿，主要分布在中国、印度尼西亚、秘鲁、巴西、玻利维亚、马来西亚、俄罗斯、泰国、澳大利亚等。

锡的化合物

锡主要应用于制造焊锡、镀锡板、合金、化工制品等，因此被广泛应用于电子、信息、电气、化工、冶金、建材、机械、食品包装、原子能及航天工业等。

氧化亚锡（SnO），主要用于电镀工业、玻璃工业及某些亚锡盐的制造，一般作为制造其他锡化合物的中间物料。

二氧化锡（SnO_2），二氧化锡是一种特殊的多种用途的产品，主要用于锡盐的制造、电子、陶瓷工业、有机聚合物的阻燃剂、大理石等磨光剂、织物媒染剂和增重剂等。

偏锡酸（H_2SnO_3），主要用作陶瓷和搪瓷的釉料和着色剂；电子工业用于制造能鉴别有毒气体并报警的气体传感器；玻璃和陶瓷工业用于基片镀膜以增加强度；有机化工用作聚合物的阻燃剂；大理石和花岗岩生产用作抛光研磨介质；此外，化学工业在某些氧化反应中作为催化剂和贵金属催化的活化接受体。

纳米二氧化锡（SnO_2），目前其主要用途为气敏材料、白色或浅色导电材料、纳米复合光催化材料。

锡与人体的关系

锡是人体必需的微量元素，人体每天需要消耗的锡量非常少，但是却能给人体带来巨大作用。因为锡在人体的胸腺中能够产生抗肿瘤的锡化合物，抑制癌细胞的生成。

锡的生理功能

1. 抑制癌细胞作用

锡的生理功能主要表现在抗肿瘤方面，因为锡在胸腺中可以产生一个或多个与类固醇及肽的化合物，类固醇和多肽是活性激素，参与胸腺的免疫功能。这些锡化合物具有直接或间接抑制癌细胞的作用。

2. 促进生长发育功能

锡与黄素酶活性有关，促进蛋白质及核酸的生成，并且组成多种酶以及参与黄素酶的生物反应，增强人体内环境的稳定性，有利于身体的生长发育。人和动物的各种器官都含有锡。

3. 影响血红蛋白的功能

锡能抑制铁的吸收和卟啉类的生物合成，也能促进血红蛋白的分解，从而影响血红蛋白的功能。

4. 促进伤口愈合作用

锡可促进组织生长和创伤愈合并能参与能量代谢，锡还是肾血红素氧化酶的诱导剂[2]。

锡失衡的负面影响及改善方法

1. 缺乏

症状：人体内缺乏锡的症状很少，据目前所知，人体内缺乏锡会导致蛋白质和核酸的代谢异常，阻碍生长发育，尤其是儿童，严重者会患上侏儒症。

改善方法：微量元素锡含量比较丰富的食物有鸡肉、牛肉、羊肉、龙虾、玉米、蘑菇、甜菜、甘蓝、咖啡、花生、牛奶、香蕉、大蒜等。

2. 过量

原因：一般来讲，金属锡是无毒的，简单的锡化合物和锡盐的毒性非常低，但人们食入或者吸入过多的锡，就有可能出现锡中毒。

症状：锡过量会出现头晕、腹泻、恶心、胸闷、呼吸急促、口干等不良症状，并且导致血清中钙含量降低，严重时还有可能引发肠胃炎。而工业中的锡中毒，则会导致神经系统、肝脏功能、皮肤黏膜等受到损害。与无机锡中毒不同，有机锡化合物多数有害，属神经素性物质。部分有机锡化合物是剧烈神经毒剂，特别是三乙基锡，它们主要抑制神经系统的氧化磷酸化过程，从而损害中枢神经系统。有机锡化合物中毒会影响神经系统能量代谢和氧自由基的清除，引起严重疾病。

改善方法：

(1) 严禁炼锡厂、化工厂与食品加工厂及居民区连在一起，对炼锡厂和锡化合物生产单位所排放的含锡废水、废渣、废气必须进行严格处理后才能排放。

(2) 冶炼厂的锡冶金、粉碎等工序要机械化、密闭化，严防烟尘逸出，污染环境，危害健康，同时相关工作人员需加强个人防护，定期进行体检。

(3) 施用有机锡农药时，施药人员必须了解其性能、毒性和防御措施，掌握操作规程，加强有机锡农药的保管，避免误食中毒。

(4) 不使用镀锡设备、容器生产和储存饰品，以免污染[3]。

小贴士

早在远古时代，人们便发现并使用锡了。在我国的一些古墓中，经常发掘到一些锡壶、锡烛台之类的锡器。据考证，我国周朝时，锡器的使用已十分普遍。在埃及的古墓中，也发现有锡制的日常用品。古时候，人们常在井底放上锡块，净化水质。在日本宫廷中，精心酿制的御酒都是用锡器作为盛酒的器皿。它具有储茶色不变，盛酒冬暖夏凉，淳厚清冽的特点。锡茶壶泡茶特别清香，用锡杯喝酒清冽爽口，锡瓶插花不易枯萎。锡器的材质是一种合金，其中纯锡含量在 97% 以上，不含铅，适合日常使用。锡器平和柔滑的特性，高贵典雅的造型，历久常新的光泽，历来深受贵族人士的青睐，在欧洲更成为古典文化的一种象征。

参 考 文 献

[1] 锡的物理性质和化学性质 [EB/OL]．亚洲金属网，[2015-7-20]． http://baike.asianmetal.cn/metal/sn/characteristic.shtml.

[2] 吴茂江．锡元素与人体健康 [J]．微量元素与健康研究，2013，30(2): 66~67.

[3] 锡对人体健康的影响 [EB/OL]．亚洲金属网，[2015-7-20].http://baike.asianmetal.cn/metal/sn/health.shtml.

硅（Si）
原子序数 14

硅是极为常见的一种元素，如我们日常生活中随处可见的沙子，主要成分就是二氧化硅；生活中常见的玻璃也离不开硅酸盐；每天都会用到的手机里，含硅元件正在帮我们传递一个个信号；晶莹剔透的水晶就是二氧化硅的晶体，纯净时形成无色透明的晶体，当含微量元素铝、铁等时则呈粉色、紫色、黄色、茶色等。

硅的基本性质

硅矿石

晶体硅为灰黑色，无定型硅为黑色，质硬而有金属光泽。不溶于水、硝酸和盐酸，溶于氢氟酸和碱液，有明显的非金属特性。硅在自然界以氧化物为主的化合物状态存在。硅晶体在常温下化学性质十分稳定，但在高温下，几乎与所有物质发生化学反应。硅容易同氧、氮等物质发生作用。

硅晶体中没有明显的自由电子，能导电，但电导率不及金属，且随温度升高而增加，具有半导体性质。高纯的单晶硅是重要的半导体材料，正是由于这一特性，以硅为基础的电子器件横空出世，引领了信息时代的潮流。

硅从哪来？

硅水晶

硅在自然界分布很广，地壳中约含 27.6%，是地壳中仅次于氧的第二丰富元素，属于类金属元素。硅在自然界主要以二氧化硅和硅酸盐的形式存在，其他硅资源是指水晶（二氧化硅矿物）、脉石英、天然硅砂等，属非金属矿藏。其中，石英、水晶等是纯硅石的变体。矿石和岩石中的硅氧化合物统称硅酸盐，较重要的有长石、高岭土、滑石、云母、石棉、钠沸石、石榴石、锆石英和绿柱石等。土壤、黏土和砂子是天然硅酸盐岩石风化后的产物。

随处可见的硅

硅主要用来制作高纯半导体、耐高温材料、光导纤维通信材料、有机硅化合物、合金等。

二氧化硅（SiO_2）：石英是常见的结晶型二氧化硅，石英中无色透明的就是水晶。具有彩色环带状或层状的是玛瑙。二氧化硅适用于制造多种玻璃，通信光纤等。

硅酸盐：常见硅酸盐产品有玻璃、陶瓷、水泥。

硅酸钠（Na_2SiO_3）：其水溶液称做水玻璃和泡花碱，可作肥皂填料、木材防火剂和黏胶剂[1]。

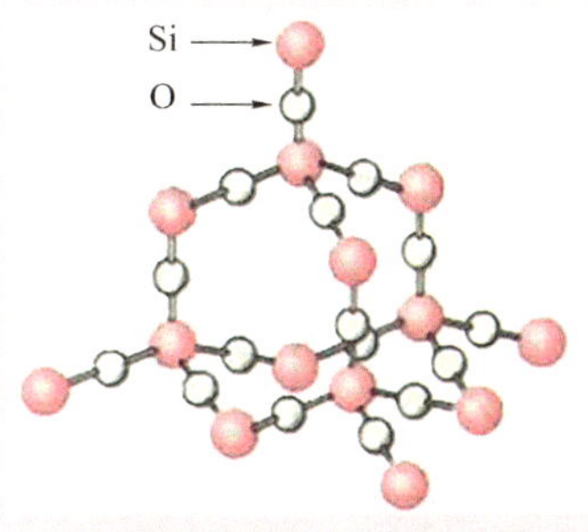

二氧化硅空间结构示意图

硅胶（$xSiO_2 \cdot yH_2O$）：是一种高活性吸附材料。用于气体干燥、气体吸收、液体脱水、色层分析等，也用做催化剂和各种耐火材料黏结剂；硅橡胶具有良好的生物相容性，医用硅胶是美容外科中应用相当广泛的生物材料。

人体内的硅

硅是生物体组织特别是软骨组织、结缔组织正常生长发育的必需微量元素之一。硅的生物功能主要表现在与铝的拮抗作用，降低了铝的生物利用效果，减少了铝的生物毒性作用。在哺乳动物和高等有机体中，硅是骨骼与组织的砖石，是正常生长和骨骼钙化不可缺少的。

硅的生理功能

1. 参与骨的钙化过程

硅是骨骼的构建者，其主要作用就是促使骨骼、软骨和结缔组织的正常生长。它在骨骼钙化阶段起着重要的作用，可促进骨骼中的钙含量增加，有助于骨骼的生长发育。软骨的正常生长也离不开硅，硅对维持人体正常生长发育和骨骼的形成有重要的作用。

2. 保护心血管

硅能增强血管内膜弹力层的弹力纤维强度，维持血管的正常功能及通透性，保护心血管的功能正常，防止血液粥样硬化，减少心血管疾病的发生等。

3. 影响人体衰老过程

硅是一个与长寿有关的元素，当人的年龄增长时，各组织中的硅含量会逐渐减少，动脉硬化的发生机会随之增加，而动脉硬化必然导致衰老。除此之外，硅还有助于体内的新陈代谢，排除体内的毒素和废弃物[2]。

硅失衡的负面影响及改善方法

1. 缺乏

原因：临床上胃肠外营养的病人可能缺硅，特别是小儿患者可能影响骨骼发育，另外也应注意创伤病人是否缺硅，是否因胶原形成不良而影响创口愈合。

症状：缺硅影响骨骼正常发育。摄入不足，可使骨骼含硅量减少，导致骨质疏松。在骨化过程中，硅与钙的含量正相关，缺硅后可使生长迟缓，骨骼异常、畸形（特别是头颅畸形）、牙齿及釉质发育不良。在饮水氟的含量相同的情况下，硅含量越低，龋齿的发病率越高。另外，缺硅可导致冠心病[3]。

含硅食物

改善方法：硅含量比较丰富的食物是天然谷物类，如燕麦、荞麦、青稞、薏米、大麦、小麦、高粱、玉米、稻谷、黑麦等，它主要存在于这些食物全谷粒的纤维部分。如果这些谷物经过加工，磨成精白米、精白面等产品，硅就会损失很多，不利于人体对硅的摄取。此外，红薯、土豆、蔬菜、动物的结缔组织、肝脏、肾脏、心脏、脑等器官中及豆类也含有硅，也可作为人们补充体内所需硅的来源。建议人们常食用一些粗粮，从中就能获取足够量的硅[2]。

2. 过量

原因：人体内硅过量可能是由于高硅饮食；也有报道大量服用硅酸镁（含硅抗酸剂）导致硅过量。职业工作者长期吸入大量含硅粉尘，也会导致硅在体内沉积。

症状：高硅症，高硅饮食的人群中曾发现局灶性肾小球肾炎，肾组织中含硅量明显增高。大量服用硅酸镁可能诱发人类的尿路结石。经呼吸道长期吸入大量含硅粉尘，可引起严重的职业病之一——硅肺。

硅肺（silicosis），是尘肺中最为常见的一种类型，硅肺临床表现有 3 种形式：慢性硅肺、急性硅肺和介于两者之间的加速性硅肺，临床表现形式与接触粉尘浓度、硅肺含量与接尘年限有显著关系，临床以慢性硅肺最为常见。

改善方法：硅肺患者一旦确诊，即应脱离粉尘作业，并给予积极综合治疗，寿命可以延长到一般人的平均寿命，但其劳动力可能有不同程度的丧失。

硅肺是完全可以预防的，关键在于防尘。防尘工作做好了，劳动环境中的粉尘浓度就会大幅度下降，达到国家规定的卫生标准，就基本上可以防止硅肺的发生。

小贴士

硅会堵塞毛孔，造成脱发？

传言化妆品中的“硅”会堵塞毛孔，引发粉刺和痘痘，同时阻碍肌肤的吸收功能。另外，含有“硅”成分的洗发护发产品会影响头皮健康，引起头皮氧化角栓以及脱发等问题。但事实是硅类成分颗粒很大，根本不会堵塞毛孔，而且它也没有很强的附着性，性质非常稳定，不会影响肌肤健康。

粉底粉饼妆前乳等不少产品中之所以都会添加硅，是因为功效性保养品（比如美白、抗氧化）的有效成分往往都很容易失去活性，也就是所谓的失效，具有稳定性的硅，能帮助保持这些有效成分的活性；硅还有一定的皮脂吸附作用，能够间接控制油脂分泌，让肌肤较长时间保持清爽的状态；另外很多保养品很滋润，在使用时能明显感觉快速地被吸收，而且使用之后丝毫没有油腻感，原因也是因为加入了挥发性的硅油。

含硅的产品一般使用感非常顺滑，能增加护肤品的延展性。但含硅产品最好不要和含有大量胶质成分的产品一起使用，避免搓泥。

洗发产品中添加硅是因为：洗发会使头发的毛鳞片打开，更容易被摩擦而变粗糙，而硅具有柔润作用，能够让毛鳞片闭合，令头发柔亮顺滑。所以二合一洗发水以及护发素当中都含有硅。

参考文献

[1] 硅及其化合物 [EB/OL]. 简单学习网，[2015-7-20]. http://www.jd100.com/z/show-12-569-1.html.

[2] 吴茂江. 硅与人体健康 [J]. 微量元素与健康研究，2012，29(2):65~67.

硒（Se）

原子序数 34

硒是人体必需的微量矿物质营养素，但摄入过量又会对人体产生危害。对癌症、心脑血管病、前列腺疾病都有着很好的防治作用。正因为如此，近年来宁夏的富硒瓜特别受欢迎。红宝石玻璃的制作就是因为玻璃里面掺杂了过量的硒，女性用的很多化妆品中也含有硒元素。

硒的性质

硒是一种有灰色单质金属光泽的固体，性脆，有毒，能导电，且其导电性随光照强度急剧变化。以两种非晶态固体形式存在：红色、黑色的无定型玻璃状的硒。

硒能被硝酸氧化和溶于浓碱液中，室温下不会被氧化。硒在空气中燃烧发出蓝色火焰，生成二氧化硒。硒能与氢、卤素直接作用，与金属直接化合，生成硒化物。

硒矿石

“月亮女神”——硒

在很多场合，硒常常被称为“月亮女神”。那为什么硒会有这样一个美丽的名字呢？这要从硒的发现和命名说起。1817 年，瑞典化学家贝采里乌斯在硫酸工厂铅室底部，发现了一种红色粉状物质，除去已知的硫黄后，用吹管加热，会有一种蔬菜腐烂的味道，他把这种物质误认为是碲。但是，后来他将这种物质不断地试验、分析后，确定这是一种新元素。由于它的性质非常类似碲元素，碲的名称为“Tellurium”，含义是地球。因此，贝采里乌斯给硒取名月亮，在希腊文中叫“Selene”（赛勒涅），是指“满月女神”。正是一个科学家的艺术情怀，使得现在的“月亮女神”“硒姑娘”称呼由此传开。

硒的化合物

大多数硒都是作为铜加工过程中的副产品回收而来[1]，但硒却在各种领域中大放异彩，已广泛应用到电子、玻璃、冶金、化工、医疗保健、农业等领域。

硒化锌（ZnSe）：用来制作全反射镜、半反射镜、扩束镜、平场透镜、中红外镜片、远红外大小功率激光器上各种平凸透镜、凸凹月牙切割透镜、镀金反射镜、圆偏振镜、扩束镜、平场透镜等，广泛应用于激光、医学、天文学和红外夜视等领域。

二氧化硒 (SeO_2)：主要用在电解锰工业上；其次用于饲料工业上生产亚硒酸钠。现在在农业上也作为含硒农作物的叶面硒肥原料。其他也可用于检定生物碱、氧化剂。制造其他硒化合物和高纯硒、催化剂。

三氧化硒 (SeO_3)：三氧化硒用来制造光电电池和太阳能装置。

硫化硒 (SeS)：治疗花斑癣、脂溢性皮炎。

硒与我们的故事

硒元素广泛存在于人体除了脂肪以外的所有器官中，与人体健康"硒硒相关"。硒参与构成很多酶类，对六大类疾病40余种病症效果显著，被国内外医药界和营养学界尊称为"生命的火种"，享有"长寿元素""抗癌之王""心脏守护神""天然解毒剂""明亮的使者""肝病天敌"等美誉。人体内硒元素的缺乏，将导致心脑血管疾病、肝病、糖尿病、肿瘤、呼吸系统、骨关节、胃肠道等各种疾病的发生，但摄入过量又会影响人体健康。

硒的生理功能

1. 抗氧化作用

人体内的氧化损伤是人患病、衰老的重要原因。硒的抗氧化效力比维生素E高500倍。硒能延缓衰老，减少抑郁、疲劳等现象，从而延长人的寿命。

补硒能提高免疫力

2. 维持并提高人体的免疫力

硒能够增强免疫系统对进入体内的病毒、异物及体内病变的识别能力。

3. 解毒、排毒、抗污染

硒在人体内可以与带正电荷的有害金属离子结合并直接排出体外，起到了解毒和排毒作用。硒是对抗污染的"天然解毒剂"。

4. 预防癌变

硒既能抑制多种致癌物质的致癌作用，又能及时清理自由基。硒还能阻断癌细胞的两条重要的能量来源，在体内形成抑制癌细胞分裂和增殖的外环境。

5. 保护、修复细胞

硒在整个细胞质中对机体代谢活动中产生的过氧化物发挥消解和还原作用，保护细胞膜结构免受氧化物的损害。细胞完整无损，脏器功能才能正常，保护了细胞，就保护了人体心、肝、肾、肺、眼等重要器官。

硒失衡的负面影响及改善方法

	原因		症状
	外因	内因	
缺乏	环境土壤缺硒会引发人体缺硒，这是缺硒的最根本原因。此外，中国传统的热烫、炖煮、煎炒等烹调方法可使食物中的硒损失 10%~30%	人体的消化、吸收能力降低，影响硒元素的吸收，另外，随着年龄的增长，中老年人体内的硒流失也可能会加快，导致硒储备不足；长期酗酒、吸烟、情绪紧张的人体内的硒流失量远高于健康人，从而导致人体硒缺乏[2]	已发现的克山病和大骨节病与缺少硒有密切关系。克山病主要侵犯心脏，出现心律失常、心动过速或过缓及心脏扩大，最后导致心功能衰竭，心源性休克。人体缺硒也会引发关节炎、重金属中毒，缺硒的人往往出现未老先衰的情况
过量	食物中的硒含量过高，食物受到了硒污染，例如某一地区农作物中硒含量远超平均值	最主要的中毒原因就是机体直接地摄入、接触大量的硒，包括职业性、地域性原因，饮食习惯及滥用药物等[5]	**急性硒中毒** 主要表现为运动异常和姿势病态、呼吸挫折、胃胀气、高热、脉快、虚脱并因呼吸衰竭而死亡。 **慢性硒中毒** 表现为脱发、脱指甲、口臭、疲劳、抑郁等。一般慢性硒中毒都有头晕、头痛、倦怠无力、口内金属味、恶心、呕吐、食欲不振、腹泻、呼吸和汗液有蒜臭味，还可有肝肿大、肝功能异常[5]

改善方法：

缺少：缺硒可以通过食补、药补两种途径来完成补充。人体补硒应根据对身体微量元素的检测结果，遵照“缺多少硒补多少，不缺不补，食补为主、药补为辅”的原则。日常生活中含硒较多的食物有海味品、肉类（特别是动物的肾脏和肝脏）以及大米、谷类等。多吃这些食物可以安全有效地补硒。但是，有些人的吸收功能欠缺，因此就需要服用含硒膳食补充剂来进行补充。

过量：中毒时，主要给予对症治疗。对于已患硒中毒的病人，只要脱离高硒环境或中断对高硒食物的食用，一般均能自愈。有些饮食如高蛋白质含量的食物能降低硒的毒性，如乳清蛋白、卵清蛋白、明胶和从小麦、干酵母、动物肝脏和玉米醇溶蛋白中分离出的蛋白质[6]。急性职业中毒时必须严密观察，重点为防止肺水肿。皮肤或眼污染应立即以清水冲洗，也可以 10% 硫代硫酸钠冲洗，皮肤灼伤处敷以 10% 硫代硫酸钠霜；也可用该药静脉注射[7]。

小贴士

长寿之乡的秘密

巴马是国际著名的长寿之乡，24 万人口的巴马县，竟有 74 位百岁老人，远超国际标准每 10 万人 7 位百岁老人。巴马人称自己长寿的秘密是“神仙水”。原来巴马有条母亲河叫做盘阳河，盘阳河流域众多的泉水含有丰富的矿物质及微量元素，其中最引人注目的是一种叫做硒的元素。据中科院专家证实，巴马的土壤、谷物中的硒含量高于全国平均水平 10 倍以上。更为奇特的是，这里 50 年来未发现一例癌症、心脑血管、糖尿病患者。正是因为食物和水源中富含硒，这里的人们才能延年益寿、“长生不老”。

参考文献

[1] 硒元素来源 [EB/OL]. 医学教育网，2012-11-9 [2015-7-20]. http://www.med66.com/new/201211/gl201211098916.shtml.

[2] 硒：活化细胞，抵御病毒 [EB/OL]. 中文国际，2013-9-17 [2015-7-20]. http://www.chinadaily.com.cn/hqgj/jryw/2013-09-17/content_10131929.html.

[3] 解密：人体为何缺硒 [EB/OL]. 常州晚报，2008-12-16 [2015-7-20]. http://epaper.cz001.com.cn/site1/czwb/html/2008-12/24/content_160671.htm.

[4] 人体缺硒会怎样？缺硒的十大危害 [EB/OL]. 39 健康新闻，2013-10-25 [2015-7-20]. http://news.39.net/qydx/131025/4279592.html.

[5]《补硒过量与硒中毒》百度文库.

[6] 张飞. 硒中毒与预防 [J]. 职业与健康，2014:63.

[7] 硒及其化合物 [EB/OL]. 化学安全网，[2015-7-20]. http://www.eccce.ynu.edu.cn/anquan/illness/se.htm.

第二篇

金属元素的“好”与“坏”

在第一篇中，我们详细介绍了常量金属元素和微量金属元素，那么接下来，再为大家更为直观地科普一下，哪些金属对人有利，哪些金属对人有害，哪些金属可以作为人类发展的助手被广泛应用，哪些金属只能让人避而远之。

在本篇中，我们会介绍到主利金属：在生活中，我们所能够接触到的这些金属，被很好地利用了起来，例如铑在医学领域的应用——乳腺钼、铑双靶 X 射线摄影技术，是目前乳腺肿瘤检查尤其是诊断早期乳腺癌最有效的方法。

还有主弊金属，说它“主弊”主要是以其与人类的关系为视角的，它们对人体而言可谓有百害而无一利，许多骇人听闻的食品安全事故、中毒事件，多和这些金属有关，但是却可以应用到工业领域，如核武器、重工业生产等行业当中。

还有一些金属，它们时而温柔善良，时而冷酷无情，时而在人不适时给人以温暖的关怀，时而在人得意时给人以残酷的打击，可谓是活生生的“两面派”，它们便是双面金属。这些金属中，有些需要把控好人体摄入量，少则有益，多则有害；有些是它的单质对人无害，但是同位素、放射性同位素等对人有害，因此，在生活中，我们要认真对待这些金属。

接下来，就让我们一起深入了解一下这些金属各自的利弊吧。

主利金属元素

生活中，人们其实对钛并不陌生，钛制作的眼镜架由于轻巧易携带备受人们喜爱。

钛在各个领域“大显神通”，应用前景广阔。近年来，钛又在医学界发挥着巨大的作用，现在就让我们一起走进钛的世界吧。

太空金属

钛的表面呈银白色金属光泽，是一种高强度金属，而且具有相当好的延展性。它的熔点很高，是良好的耐火金属材料。

钛的特性中，最为人称道的就是它优良的抗腐蚀能力，抗蚀性几乎跟铂一样好，钛不受稀硫酸、稀盐酸、氯气、氯溶液及大部分有机酸的腐蚀，但仍可被浓酸溶解。虽然钛是一种活性很高的金属，但是它与水及空气的反应是非常缓慢的。这是因为钛曝露在高温空气中时，会生成一层氧化物保护膜，阻止氧化持续。因此，钛深受人们青睐，被誉为“太空金属”。

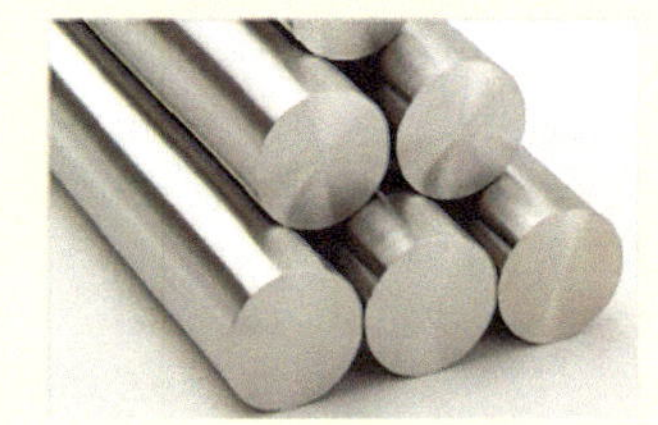
钛钢

钛从何处来?

钛铁矿

金红石

钛在地球上的储量十分丰富，其含量比常见的铜、镍、锡、铅、锌都要高。已知的钛矿物约有 140 种，但工业应用的主要是钛铁矿和金红石。全球有三十多个国家拥有钛资源，主要分布在澳大利亚、南非、加拿大、中国和印度等。加拿大、中国和印度主要是岩矿；澳大利亚、美国主要是砂矿；南非的岩矿和砂矿都十分丰富。我国的钛资源储备约2亿吨，占到全球总储量的28.6%，钛铁矿储量位居世界第一。我国已探明的钛资源分布在21个省（自治区、直辖市）共108个矿区，主要分布在四川攀西、河北承德、云南、海南、广西和广东，其中以四川储量最大。

我们身边的钛

钛白油漆

钛是优质的耐蚀轻型结构材料、新型功能材料和重要的生物工程材料，主要用于航空航天工业、化学工业和能源工业等领域。

二氧化钛（TiO_2），是世界上最白的物质，可以用来制高级白色油漆、生产防晒霜，在造纸上作增白剂、在人造纤维中作消光剂；它还可用于硬质的钛合金、耐热玻璃、防透紫外线玻璃的制造；在陶瓷中加入TiO_2可增强耐酸性。

四氯化钛（$TiCl_4$），在军事上曾用作烟幕弹，在商业上用作空中广告。$TiCl_4$在高分子合成中可作催化剂。

三氯化钛（$TiCl_3$），紫色粉末状。利用钛的还原性可测定钛的含量；在有机化学中可以测定硝基化合物的含量[1]。

钛有何用？

钛的应用

在人体内使用金属制品已有多年的历史，最早是英国人用纯金修补颅骨和镶牙。后来又有人用较廉价的银、铜治疗骨折和稳定关节。随着冶金工业和医学的发展，不锈钢、锆、铌、铁等材料也在人体外科手术中获得应用。自1972年以来钛及其合金在我国医疗中开始应用，临床使用效果良好。

钛在医疗方面的应用

1. 矫形外科的应用

主要是人造钛骨头及关节的应用。

2. 神经外科方面的应用

天津医科大学附属医院应用钛制网眼板修补颅骨损伤的病人，临床应用十分满意，该院还将钛制脑动脉瘤止血夹和脑血管夹用于脑动脉瘤切除、颅脑外伤手术止血及血管搭桥手术等，均获得成功。

3. 心血管方面的应用

第四军医大学一附院胸外科，应用钛合金 TC4 材料制成心脏瓣架，已成功应用于临床。

4. 口腔颌面外科

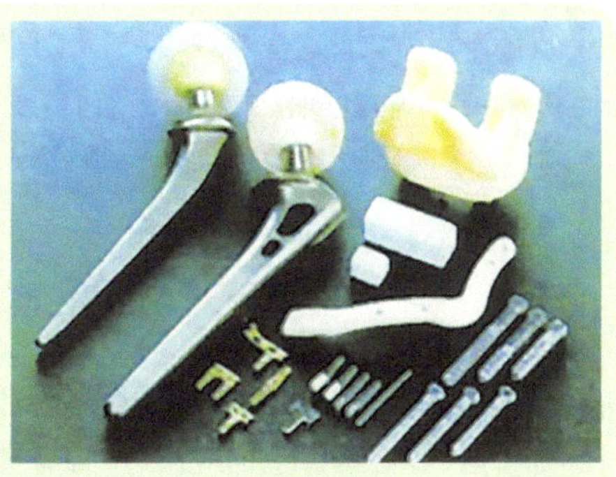
人造钛骨头

口腔颌面外科的金属植入件有两类，即牙科材料与下颌骨。作为牙科材料，一般作牙齿充填材料或包覆材料以及修补材料，过去用不锈钢，新近改用为 Ni-Ti 合金。修补牙齿也可使用钛，这些材料是用粉末冶金法制成。

5. 其他方面的应用

体外培养机的培器：能在体外培养原虫，使其成百倍地繁殖、生长，以便提取疫苗，预防疾病[2]。

小贴士

钛锗项圈是否具有保健功能?

日前，一种自称含钛、锗的项圈成为网购的热门产品。据称，这种钛产品具有缓解疲劳、治疗颈椎病等保健功效。相关专家则表示，颈椎病是因肌肉劳损引起的，用含钛的保健品治疗颈椎病起到的作用微乎其微。

钛锗项圈究竟有没有保健功能？某医院康复科主任表示，颈椎病是颈椎的骨关节、椎间盘及其周围软组织的损伤、蜕变，导致颈神经根、椎动脉等受到刺激或损害而出现的，即使钛真的能够调节人体电流，和治疗颈椎病也没有多大关系。他表示，目前，在医学康复领域还没有使用这样的产品进行康复治疗的[3]。

钛锗项圈

钛项圈为一类普通饰品，不会产生离子，是一个非磁性的物质，它根本没有任何保健疗效，也没有任何挥发性，不可能有被人体吸收的物质，而且项圈里钛被包装起来，与皮肤都不能直接接触，相互作用更无从谈起。市面上宣传的所谓钛健康项圈，号称戴上后会改善或消除人体各种不适症状，能改善佩戴部位的血液循环及筋肉舒缓，能在 2~3 天内迅速改善或消除颈椎酸、涨、痛的症状，同时能缓解或消除由颈椎病带来痛苦等，其实都是虚假的。

参考文献

[1] 王翔 . 钛及其化合物的性质用途初探 [J]. 凯里学院学报，2001，19(6):22~23.

[2] 方孝本 . 钛在医疗上的应用 [J]. 稀有金属材料与工程，1983(1):70~74.

[3] 韩翀 . 含钛保健品与治病没关系 [N]. 宝安日报，2007-12-25(5).

锗的身影常出现在岩石、泥土和泉水中；很多植物中也都有锗的存在，如人参、党参、白芷、枸杞、芦荟、灵芝草和茶叶等。锗在电子、光学、化工、生物医学、能源及其他高新科技领域都是重要的“食粮”。

锗性格沉稳而孤僻，常温下不与空气或水蒸气作用，是地壳中最分散的元素之一，几乎没有比较集中的锗矿，因此被称为“稀散金属”。

锗的基本性质

锗是一种银白色的晶体（粉末状呈暗蓝色），是一种稀有金属，重要的半导体材料。它的化学性质稳定，就其导电能力而言，优于一般非金属，劣于一般金属，这在物理学上称为“半导体”，对固体物理和固体电子学的发展有重要作用。据 X 射线研究证明，锗晶体里的原子排列与金刚石差不多。结构决定性能，所以锗与金刚石一样硬而且脆。

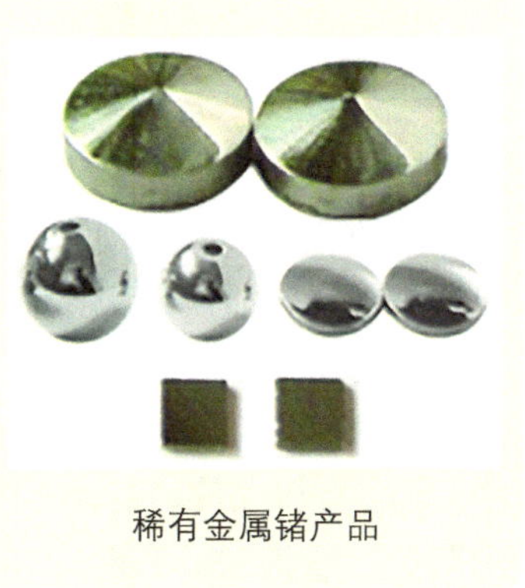

稀有金属锗产品

锗的来源

锗元素是一种典型的稀有分散元素，在地壳中含量约百万分之七。锗具有亲石、亲硫、亲铁、亲有机的化学性质，很难独立成矿，因此常夹杂在许多铅矿、铜矿、铁矿、银矿中，就连普通的煤中，一般也含有十万分之一左右的锗，也就是说，平均 1 吨煤中就含有 10 克左右的锗。在普通的泥土、岩石，甚至泉水中，也含有微量锗。环境中的锗大部分来自于煤的燃烧。全球锗的资源比较贫乏，分布非常集中，主要分布在中国、美国和俄罗斯，其中锗资源分布最多的国家是美国，其次是中国。

锗与生活

锗是重要的工业材料，在半导体、航空航天测控、核物理探测、光纤通信、红外光学、太阳能电池、化学催化剂、生物医学等领域都有广泛而重要的应用。根据美国地质调查局 2015 年数据显示，全球锗终端用户所占比例如下：纤维光纤 30%，红外光纤 20%，聚合催化剂 20%，电子和太阳能器件 15% 和其他（荧光粉、冶金和化疗）15%。

二氧化锗（GeO_2），是生产聚对苯二甲酸乙二醇酯（PET）的催化剂，由其制备的饮料与食用液体的各式容器，无毒、透明且气密性好。

硫化锗（GeS_2），半导体材料。

四氯化锗（$GeCl_4$）和甲锗烷，分别为液体及气体，能刺激眼睛、皮肤、肺部与喉咙。

锗与人体的关系

锗在人体中的作用

锗元素的发现和有机锗化合物的合成研制成功后 20 年来世界各国学者在药理及临床方面做了大量研究工作，有机锗几乎无毒性，具有诱发自身干扰素，增加自然杀伤细胞活性，活化吞噬细胞，促进机体产生抗肿瘤、抗衰老的生物学作用[1]。

1. 免疫调节功能

有机锗参与免疫调节，其机制是有机锗诱使动物体细胞产生细胞介素，激活干扰素，同时能恢复体液中的 T 淋巴细胞和 B 淋巴细胞的数量，提高自然杀伤细胞和巨噬细胞的活性。

2. 抗肿瘤效应

日本佐佐木研究所佐藤医学博士等人首先证实了有机锗的抗癌作用，应用有机锗 Ge-132 治疗肿瘤患者取得明显疗效，包括肺癌、肝癌和白血病。

3. 增强机体抗氧化功能

首先体现在防治白内障方面，现代医学证明，蛋白糖化过程中产生的晚期糖化产物与老化、糖尿病、白内障等疾病的发病密切相关。

4. 刺激动物体造血功能

锗对血液系统的作用主要是一方面使血中红细胞和血红蛋白的数量增加，另一方面刺激血小板生成细胞即巨核细胞的形成，从而刺激造血功能。

5. 防色素沉着

Ge-132 对黑素细胞在较低浓度下存在着生长抑制作用，不仅黑素细胞内细胞器数目减少，且出现了较多空泡，凋亡增加，黑素细胞内黑素含量下降，同时伴随酪氨酸酶活性降低，其合成功能也降低。

6. 提高畜禽的生产性能

锗可通过提高碘和三碘甲状腺原氨酸、四碘甲状腺素含量，增强机体代谢功能，进而促进动物的生长[2]。

锗失衡的负面影响及改善方法

锗在微量元素的生物学地位及生物活性方面的研究报道较多，有机锗化合物具有抗癌、抗衰老、抗高血压、抗炎镇痛、抗氧化和调节免疫功能作用，但是尚未为生物体必需的微量元素。

人体缺锗可能引发的疾病：癌症、痴呆症、高血压、糖尿病、近视、弱视、肝病[3]。

锗及其化合物中毒

原因：锗主要用于半导体、特殊合金、医药及特种光学材料制造业。锗的过量摄入主要为职业性接触、误服或服用添加锗制剂的滋补食品。锗化物对眼和呼吸道黏膜有刺激作用，对红细胞的生成可能有刺激作用。锗中毒可引起水平衡失调，造成脱水、血液浓缩等一系列病理生理改变。氢化锗有溶血作用。

症状：金属锗、氧化锗、四氯化锗可引起化学性眼结膜炎、上呼吸道炎、支气管炎和肺炎。口服过量锗制剂对肾脏有损害。

改善方法：避免滥用锗制剂作为滋补品；对症治疗[3]。

小贴士

灵芝是一种珍贵的药食两用大型真菌，传统中医认为它能扶正固本、延年益寿。临床证实，灵芝对慢性支气化管炎、糖尿病、高血压、肿瘤等疾病都有疗效。灵芝的药理活性与其含有的多糖、有机锗、三萜类化合物有关。研究发现，有机锗化合物具有抗癌、抗肿瘤、提升免疫力等效用，因此，研究灵芝中的有机锗化合物有助于癌症的治疗。

灵芝

参考文献

[1] 冯雪风，金卫根．锗化合物的生理效应及其合成应用[J]．食品科技，2006(12):177~180.

[2] 人体缺乏必需微量元素可引发以下相关疾病．360doc.2011-10-13. http://www.360doc.com/content/11/1031/23/7197533_160694993.shtml.

[3] 锗及其化合物中毒急救．http://jk.xihele.com/yaox/ShowArticle.asp?ArticleID=64673.

钌（Ru）
原子序数 44

钌是一种呈浅灰色的多价稀有金属元素，是铂族金属中的一员，质地硬而脆，不能忍受人们对它们进行加工。钌在地壳中含量仅为十亿分之一，因此跻身最稀有金属的行列，但它却是铂族金属中身价最低的一种金属。

钌的基本性质

冷的时候，钌很容易弯曲，通常加热至 1500℃时才能加工成细丝或薄板。熔点为 2250℃，沸点为 3900℃，密度为 12.37 克 / 厘米^3。

钌是一种极好的催化剂，通常用在氢化、异构化、氧化和重整反应中。在温度达 100℃时，钌对普通的酸包括王水有抵抗力，对氢氟酸和磷酸也有抵抗力，当温度到达 300℃时，仍不与硫酸反应。

钌靶稀材

钌的发现

钌是铂族金属元素中在地壳中含量最少的一个，也是铂族金属元素中最后被发现的。由铂金属的自然合金中提取。1844 年，俄罗斯的克劳斯从乌拉尔铂矿渣里制得氯钌化铵，并经煅烧，制得钌。它在铂被发现 100 多年后，比其余铂系元素晚 40 年才被发现。不过，它的名字早在 1828 年就被提出来了。当时俄罗斯人在乌拉尔发现了铂的矿藏，塔尔图大学化学教授奥桑首先研究了它，认为其中除了铂外，还有三个新元素。奥桑把他分离出的新元素样品寄给了贝采里乌斯，贝采里乌斯认为其中只有“pluranium”一个是新金属元素，其余的分别是硅石和钛、锆以及铱的氧化物的混合物。

1844 年，喀山大学化学教授克劳斯重新研究了奥桑的分析工作，肯定了铂矿在残渣中确实有一种新金属存在，就用奥桑为纪念他的祖国俄罗斯而命名的 ruthenium 命名它，元素符号定为 Ru。克劳斯取得新金属钌后，也将样品寄给贝采里乌斯，请求指教。贝采里乌斯认为它是不纯的铱。可是克劳斯和奥桑不同，没有理睬贝采里乌斯的意见，敢于向权威挑战，继续进行自己的研究，并且将每次制得的样品连同详细的说明逐一寄给贝采里乌斯。最后事实迫使贝采里乌斯在 1845 年发表文章，承认钌是一个新元素。在俄罗斯，由科学院的几位院士们组成一个专门委员会，审查克劳斯得到的结果，确认了他的发现。

钌的化合物

钌能增加硬盘的记录容量，具有优良的催化活性、良好的导电性和抗高温耐腐蚀等特性，被广泛应用于电子工业、化学工业、电化学行业和其他高科技领域。

钌铑合金，钌铑合金用高频感应加热炉氩气保护熔炼，常用做催化剂。

氧化钌（RuO_2），用于化工催化剂，是制作电阻和电容器的重要材料。

水合三氯化钌（$RuCl_3 \cdot 3H_2O$），主要用作催化剂，如氯碱工业电解槽的金属阳极活性涂层等，也用作制备十二羰基三钌等许多钌化合物的原料。

钌与人体的关系

近年来，非铂类金属抗癌药物的研究得到了很大的发展，大多数报告认为钌的配合物低毒性、易吸收并可很快排泄，更重要的是钌配合物易于被肿瘤组织吸收。国际上也普遍认为，钌配合物将成为最有前途的抗癌药物之一[1]。

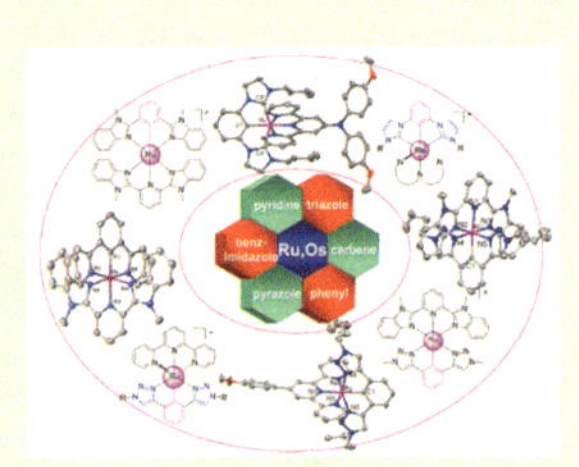

钌的配合物

小贴士

钌的二次资源

钌的工业应用主要是电子工业、化学工业、电化学行业和其他高科技领域，凡是制造或使用钌产品的部门都会产生钌的二次资源。世界著名贵金属公司德国的贺利氏与巴斯夫、英国的庄信万丰、比利时的优美科、日本的田中贵金属株式会社与古屋金属公司、中国的贵研铂业股份有限公司与台湾光洋应用材料科技股份公司、俄罗斯的克拉斯诺亚尔斯克市有色金属加工厂主要承载世界上钌基产品的研发与制造，也承载着钌的精炼提纯与二次资源回收利用。

目前，钌主要用于生产计算机硬盘。上游溅射靶材的生产商产生的钌废料主要为钌边角废料、废靶、残靶和防护罩，废料集中度高、易收集、钌含量高、数量巨大，是钌的二次资源主要来源[2]。随着处理此类废料的工艺改进，钌精炼生产线的建立及产能提升，大大缩短了钌精炼周期，导致该行业减少了钌的日常库存，削减了对矿产钌的需求，影响全球钌的供需关系，大大降低了钌的价格[3]。氯碱工业、化学工业、电子工业的钌基厚膜领域和其他高科技领域能回收部分钌，化学工业失效钌均相催化剂回收困难。

参 考 文 献

[1] 刘杰，计亮年，梅文杰. 金属钌配合物的抗肿瘤活性及其作用机理 [J]. 化学进展，2004，16(6): 969~974.

[2] 韩守礼，贺小塘，吴喜龙，等. 用钌废料制备三氯化钌及靶材用钌粉的工艺 [J]. 贵金属，2011，32(1): 68~71.

[3] Jollie D. Platinum 2008 Interim Review[M]. Hertfordshire:Johnson Matthey Public Limited Company, 2008.

铑是铂族金属的一种，从地球资源上来讲比铂稀少，而且铑的提炼工艺也比铂要复杂得多。铑一般用在汽车尾气催化剂和医药化工行业中。一般的铂首饰表面都是镀一层铑，因为铑抗氧化性能佳，首饰表面有光亮。铑还是顶级的反光材料，以前高要求的高空探照灯的反光灯是用镀铑来解决的。在地壳中含量极少的“铑大哥”却在生活中扮演着一个不可忽视的角色。

“铑大哥”的真面目

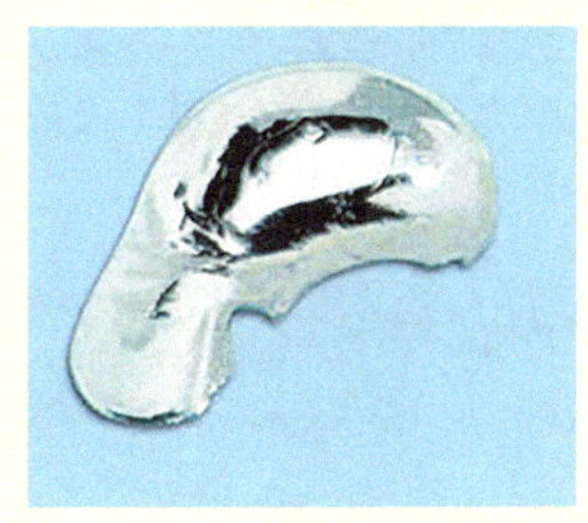
金属铑

铑是一种银白色金属，质极硬，耐磨，也有相当的延展性。密度为 12.7 克 / 厘米^3，熔点为 1966℃ ± 3℃，沸点为 3727℃ ± 3℃。在中等的温度下，能抵抗大多数普通酸（包括王水在内）和耐其他腐蚀剂的侵蚀，因此可用于制催化剂。在 200℃时可与热浓硫酸、热氢溴酸、次氯酸钠和游离卤素起化学反应。不与许多熔融金属，如金、银、钠和钾以及熔融的碱反应。身为贵金属家族的成员之一，铑在地壳中的含量只有十亿分之一。多分散居住于矿石之中，很少聚在一起，所以身价不菲。

铑自哪儿来？

铑矿石

铑存在于铂矿中，在精炼过程中可以集取而制得。我国铂族金属资源比较稀缺，铂族金属矿床分布在 10 个省、自治区，甘肃、云南、四川和黑龙江的储量较多，这四省的储量占全国储量的 94.6%。其他省区如河北、青海、新疆、北京、内蒙古也有一些小矿点，但储量很少。

铑元素的分身伙伴

虽然铑储量很少，但它在催化剂方面作出了突出贡献。

氯化环辛二烯基铑二聚物（$Rh_2Cl_2(C_8H_{12})_2$），这种在空气中稳定的橙黄色化合物广泛用作均相催化剂的前体。

乙酸铑（$C_6H_9O_6Rh$），棕色粉末，是有机合成中重要的催化剂。

三苯基膦氯化铑（$C_{54}H_{45}ClP_3Rh$），红紫色结晶，会在空气中缓慢分解，且不溶于水，溶于大多数溶剂。也被称为威尔金森催化剂，可用于烯烃的催化氢化。

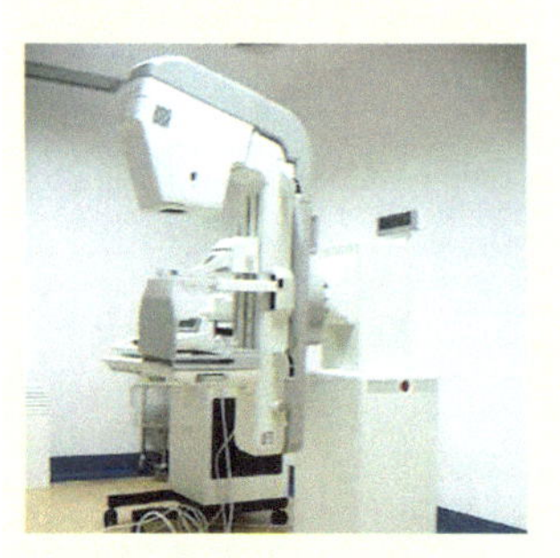

铝、铑双靶 X 射线摄影设备

铑与生活

到目前为止，铑的配合物只对有限的几种肿瘤有抗癌活性。Mer–[$RhCa_3(NrI_3)_3$] 具有与顺铂相似的顺式氯配体，因而首先被用于抗肿瘤实验，结果表明只对 Sarcomal80 有稳定抑制作用。摄影是诊断乳腺疾病的检查方法之一，尽管 B 超、CT、MRI 技术发展很快，但乳腺钼、铑双靶 X 射线摄影技术，是目前乳腺肿瘤检查尤其是诊断早期乳腺癌最有效的方法[1]。

小贴士

“铑大哥”现形记

铑是在 1803 年由 William Wollaston 发现的。他和 Smithson Tennant 在一个商业投资中合作，多半是为了生产出纯铂来出售。这个流程的第一步是在王水（硝酸 + 盐酸）中溶解普通的铂。但不是所有的都溶入了溶液中，还留下了黑色的残渣，Tennant 研究了这些残渣，最终他从中提取出了锇和铱。Wollaston 则全神贯注于这个溶解的铂溶液，他用沉淀法移除其他金属，留下了一种漂亮的红色溶液，并从中获得了玫瑰红晶体，这些就是氯铑酸钠（Na_3RhCl_6）。最终他从中生产出了这种金属自身的样本。因这种新金属的盐溶液具有玫瑰的艳红色，所以以希腊文中的玫瑰“rhodon”命名它为 rhodium，元素符号为 Rh。

参 考 文 献

[1] 温海琴. 钼铑双靶乳腺摄影体位的临床应用 [J]. 当代医学，2010，16(6): 148~149.

银（Ag）

原子序数 47

银是一种闪耀着光辉的银白色金属，它最好听的名字应该是秘鲁古印加人取的，他们把银称为“月亮的眼泪”。银是一种古老的金属，也是人们最为熟知的金属之一。其实，在远古时代，银比金更早地充当货币，等到了中世纪，白银已经成为许多国家的主流货币。由于银独有的优良特性，人们曾赋予它货币和装饰双重价值。在现代，银在更多方面发挥着它的作用。

银的基本性质

银化学性质稳定，价格贵，导热、导电性能好，不易受化学药品腐蚀。银的密度不低，但硬度不大，极富延展性，能把 1 克的银粒拉成比头发丝还细的 2000 米长的银丝。银的反光率极高，对可见光有 100% 的反射率[1]。

银手镯

银的来源

银矿石

世界上白银储量和年产量最高的国家不是以“银国”命名的南美洲国家阿根廷，而是北美洲的墨西哥。我国的银储量居世界第六位[2]。

我国银矿分布较广，在全国绝大多数省区均有产出。银矿成矿的一个重要特点是 80% 的银是与其他金属，特别是与铜、铅、锌等有色金属矿产共生或伴生在一起的。我国重要的银矿区有江西贵溪冷水坑、广东凡口、湖北竹山、辽宁凤城、吉林四平、陕西柞水、甘肃白银、河南桐柏银矿等。

银的化合物

银具有诱人的白色光泽，深受人们（特别是妇女）的青睐，因此有“女人的金属”的美称。银因其美丽的颜色、较高的化学稳定性和收藏观赏价值，广泛用作首饰、装饰品、银器、餐具、敬贺礼品、奖章和纪念币。

硝酸银（$AgNO_3$），溶液有一定腐蚀性，在医学上用于腐蚀增生的肉芽组织，

碘化银样品

稀溶液用于眼部感染的杀菌剂。

碘化银（AgI），常用于感光工业制造感光乳剂。它是一种黄色粉末，见光分解，并大量吸热，先变灰后变黑。化学反应中用作催化剂。人工降雨中，用作冰核形成剂。电池工业可用作热电电池的原料。另外，还用于医药工业。

氧化银（Ag_2O），是一种对光敏感的棕黑色粉末，是氧化银电池的电极材料。

银与人体的关系

银的离子以及化合物对某些细菌、病毒、藻类以及真菌显现出毒性，但对人体却几乎是完全无害的。银的这种杀菌效应使得它在活体外就能够将生物杀死。

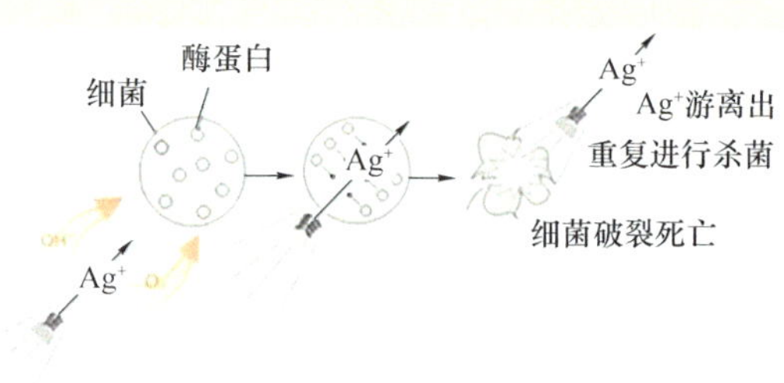

Ag^+ 杀菌机理图

希波克拉底曾经有描述银在治疗和防止疾病方面的功用。腓尼基人曾经用银制瓶子来盛放水、酒和醋，以此防止这些液体腐败。20世纪初期，人们也曾把银币放在牛奶里，以此来延长牛奶的保鲜期。银的杀菌机制长期以来一直为人们所争论探讨。根据已有的实验结果，人们提出了以下四种银的杀菌机制：静电吸附杀菌、金属溶出杀菌、光催化杀菌、复合作用杀菌[2]。

银大量地添加于凝胶以及绷带中。银的抗菌性来源于银离子。由于银离子可以和一些微生物用于呼吸的物质结合，以此使得这些物质不能为微生物所利用，从而使得微生物窒息而亡。

在抗生素发明之前，银的相关化合物曾在第一次世界大战时用于防止感染。银作为效用广泛的抗菌剂正在进行新的应用。其中一方面就是将硝酸银溶于海藻酸盐中，用于防止伤口的感染，尤其是烧伤伤口的感染。2007年，一公司设计出一种表面镀银的玻璃杯，这种杯子号称具有良好的抗菌性。除此之外，美国食品和药品管理协会也审批通过了一种内层镀银的导气管的应用，因为研究表明这种导气管能够有效地降低导气管型肺炎。

银并不会对人的身体产生毒性，但长期接触银金属和无毒银化合物也会引发银质沉着症，使身体色素产生变化，皮肤表面会显出灰蓝色。虽无毒性，但仍会影响外观。

小贴士

银针试毒可靠吗?

银针试毒

在古代有银器试毒的说法。古人认为用银质的餐具盛放食物或药物，或使用银制的筷子、汤匙，一旦发现银器表面变黑即认为食物有毒，不可食用。其实真正的毒物如砒霜（三氧化二砷）往往不与银发生反应，那么，古代人为何会相信银器可以试毒呢?

有一种推测比较有说服力：古代接触到的毒物主要是砒霜，而当时炼制的砒霜多不纯净，往往含有少量硫或硫化物，它们与银接触会使银变黑。因此以银试毒的观念渐入人心。时至今日，我们要以科学的态度认识这个问题，即以银针试毒是不可靠的。

银镜的故事

镜子是最普通的生活用品，人们在梳洗打扮时总少不了它。

据说在古代，镜子诞生之前，人们只能站在水池边或打一盘清水来照照自己。到了青铜时代，人们开始打磨青铜来做镜子。大约到了 13 世纪，欧洲的威尼斯人首先只做了平板玻璃，并随后发明了玻璃镜。但这种镜子需要大量使用水银，不仅造价昂贵，还会致使不少工人因汞中毒而死亡。

到了 19 世纪中期，德国科学家李比希发现了“银镜反应”。聪明的欧洲制镜工匠很快用它制出了反射率极高的玻璃银镜，并享誉全球[3]。

参 考 文 献

[1] 徐德海，等. 化学元素知识简明手册 [M]. 2 版 . 北京：化学工业出版社，2016.

[2] 韩秀秀，何文，田修营，等. 银系无机抗菌材料抗菌机理及应用 [J]. 齐鲁工业大学学报，2010，24(1):25~27.

[3] 陆鼎一. 化学故事新编 [M]. 苏州：苏州大学出版社，2007.

铈（Ce）
原子序数 58

提起铈元素，很多人也许不知道，但是汽车玻璃在我们的生活中随处可见，其中就含有氧化铈。铈具有改变细菌细胞的表面形态、促进新陈代谢以及抗氧化等“为人民服务”的能力，使其在医学领域大显身手；铈的各类化合物还可以净化催化汽车尾气，制造无毒无污染的颜料，为环保事业作出贡献。

现在你还感觉它离我们很远吗？让我们进一步了解一下吧。

铈是什么？

铈是灰色活泼的金属，是镧系金属中自然丰度最高的一种。弯折铈条时常迸溅出火星。单质熔点为 795.0℃，单质沸点为 3257.0℃。

金属铈

铈在室温下很容易氧化，在空气中很容易失去光泽，用刀刮即可在空气中燃烧（纯铈不易自燃，但稍氧化或与铁生成合金时，极易自燃）。加热时，在空气中燃烧生成二氧化铈。能与沸水作用产生氢氧化铈，溶于酸，不溶于碱。铈也能在卤素中燃烧，如在氯气中燃烧，产生三氯化铈。用于制造打火石、陶瓷和合金等。

铈的来源

铈是地壳中最丰富的稀土金属，用钙还原氧化亚铈或电解氯化亚铈可制得金属铈。

1752 年瑞典化学家克龙斯泰德发现一种新的矿石。西班牙矿物学家埃尔乌耶分析后认为它是钙和铁的硅酸盐。1803 年德国化学家克拉普罗特分析了该矿石，确定有一种新的金属氧化物存在，称它为“ochra”（赭色土），矿石称为“ochroite”（赭色矿），因为它在受灼烧时出现赭色。同时瑞典化学家贝采里乌斯和瑞典矿物学家希辛格也分析发现了同一新元素氧化物，它不同于钇土，钇土溶于碳酸铵溶液，在煤气灯焰上灼烧时呈现红色，而这种土不溶于碳酸铵溶液，在煤气灯焰上灼烧没有呈现特征焰色。于是称它为“ceria”（铈土），元素命名为“cerium”（铈），元素符号定为 Ce，矿石称为“cerite”（铈硅石），以纪念当时发现的一颗小行星谷神星“Ceres”。

氟碳钙铈矿

铈的化合物

铈作为玻璃添加剂，能吸收紫外线与红外线，现已被大量应用于汽车玻璃。不仅能防紫外线，还可降低车内温度，从而节约空调用电。

二氧化铈（CeO_2），很好的催化剂，它可以除去汽车尾气中的氮氧化物和一氧化碳。可用作玻璃工业添加剂，还可用在化妆品中起到抗紫外线作用。

三氯化铈（$CeCl_3$），用于石油催化剂、汽车尾气催化剂、中间化合物等行业，也用于制金属铈、金属的缓蚀领域[1]。

硝酸铈（$Ce(NO_3)_3$），用作制取其他铈盐的原料、分析试剂、合成试剂、石油催化剂和汽灯纱罩添加剂等。

铈有何用?

铈作为镧系的稀土金属，其抗菌性、免疫调节性以及抗肿瘤性等方面的作用已经被研究很长的时间且已经被用于一些医药行业。铈盐抗菌性能以及免疫调节的作用又使其运用到了烧伤的治疗中，并且有资料显示可以降低烧伤的病死率。铈盐在肿瘤抑制中的作用也越来越受到重视，研制基于稀土金属盐类的抗肿瘤药物也成为现今的热点。

铈的抗菌作用

抑菌是医疗领域一个重要的组成部分，有效的抑菌是很多治疗成败的关键，抗生素的应用使很多医疗问题得以解决，但是抗生素的应用同时也带来了很多的问题。铈是人体本身所需的微量元素，利用铈元素抑菌给医疗方面提供了一个新思路。

烧伤方面及免疫调节的应用

铈可以有助于创口生成坚硬的类似于皮革一样的痂，这种硬痂就像绷带一样可以减小运动时产生的应力集中；同时痂还可以有效地控制细菌的出入通路，这样就可以保证创口的清洁和健康，这种机制在植皮时对创口愈合的帮助显得尤为重要。

抗肿瘤方面的应用

镧系金属的化合物有抗肿瘤方面的潜力，铈盐被发现可以通过促进新陈代谢来产生抗癌作用。铈还具有可以抵抗可能诱发癌症的慢性炎症的药理作用。

在口腔医学中的应用

氯化铈可以提高牙质的抗腐蚀性能。铈对于葡萄糖基转移酶和口腔主要致龋菌的粘附有一定的影响作用，从理论上为铈的防龋应用提供了依据，镧、铈、氟的复合物有较强的抗酸作用，可以有效地预防根面龋的发生[2]。

在无机颜料中的应用

红色颜料通常分为有机红色颜料和无机红色颜料两大类。目前使用很广的无机颜料，在涂料、塑料、油墨、陶瓷等制品中通常使用的是铬酸铅颜料，因为含有危害人类健康和污染环境的可溶性铅、汞、六价铬等有毒重金属元素，其用途越来越受到有关法规的限制；而有机红虽然色泽鲜艳，着色力强，但其遮盖力、热稳定性、光稳定性及抗紫外线辐射的能力差，难以完全取代无机红颜料。由于铈元素具有特殊的电子结构，可作为无机颜料使用[3]。

小贴士

铈与种子

经铈处理后，自然和人工老化种子的发芽率、发芽指数、活力指数都有明显提高，呼吸作用增强。并且铈浸种处理对自然老化水稻种子的发芽促进作用优于人工老化种子[4]。

你知道打火机的原理吗?

原来打火机能打火归于两点：一是打火机上有打火石。打火石并不是真正的石头，而是铈、镧、铝等金属的合金。铈、镧等都是容易燃烧的金属，打火机的转轮是用坚硬的金刚砂制成的，用它去摩擦、撞击打火石时，不仅会产生大量的热，而且能点燃铈、镧等金属撞出来的粉末，冒出火星来。二是打火机里装着容易燃烧的汽油。打火机里装着汽油灯芯，“星星之火可以燎原”，打火石上的火星一旦落在灯芯上就会立即燃烧起来，成了淡蓝色的火焰。

参考文献

[1] Carter F L, Murray J F. Preparation of the anhydrous rare earth trichlorides, tribromides, and triiodides[J]. Materials Research Bulletin, 1972, 7(6): 519~523.

[2] 张博，刘洪臣. 稀土铈在医学中的应用 [J]. 中华老年口腔医学杂志，2013，11(1): 43~45.

[3] 郭耘，卢冠忠，等. 稀土催化材料的应用研究及进展 [J] 中国稀土学报，2007，25(1):11.

[4] 洪法水，方能虎，魏正贵，等. 铈元素对水稻老化种子发芽影响的研究 [J]. 作物学报，2000，26(6): 937~941.

钕 (Nd)

原子序数 60

钕元素的到来活跃了稀土领域，并在其中扮演着重要角色。它最受人们“宠爱”，并且左右着稀土市场。钕元素凭借其在稀土领域中的独特地位，多年来成为市场关注的热点。

磁铁存在于我们生活的方方面面，小到螺丝刀头、音响的扬声器，大到磁悬浮列车，都离不开磁铁。而金属钕的最大用户是钕铁硼永磁材料。钕铁硼永磁体的问世，为稀土高科技领域注入了新的生机与活力。钕铁硼磁体磁能积高，被称做当代“永磁之王”，以其优异的性能广泛用于电子、机械等行业。随着科学技术的发展、稀土科技领域的拓展和延伸，钕元素将会有更广阔的发展天地。

钕是什么？

钕是镧系元素的一份子，主要化合价为 +3 价。化学性质活泼，在空气中迅速氧化，与水和酸作用放出氢气。应贮存于盛煤油的密闭容器中。钕和冷水反应缓慢、和热水反应迅速，能生成氢氧化钕；它还可以和卤素发生剧烈的反应。

钕从哪儿来？

钕于 1885 年由 Karl Auer 在维也纳发现。它的故事开始于铈的发现，Carl Gustav Mosander 于 1839 年从铈中提取出了镨钕混合物。后来发现这是镧系元素的混合物。在 1885 年，Auer 从镨钕混合物中获取了钕和镨，原子光谱学揭露了它们的存在。这种纯净的金属样本于 1925 年被第一次生产。

钕在自然界中存量丰富，其地壳中丰度仅次于铈，居稀土元素中第二位。由于它难以分离，因此直到出现了离子交换和溶剂萃取提纯技术，人们才对它的本征性质及用途得以深入的研究和了解，并实现产业化。

钕矿石

钕在身边

如果单说这个元素，大家会感到很陌生，但它的化合物在我们的生活中如影随形。

三氧化二钕 (Nd_2O_3)，可用于染色玻璃和陶瓷材料，制取光学玻璃、激光元件、磁性材料和电容器。

三氯化钕 ($NdCl_3$)，这种氯化物有多种重要应用，比如生产金属钕和金属基钕激光以及光导纤维的化学中间体，其他应用包括有机合成和分解废水污染物的催化剂、铝及其合金的腐蚀防护剂、有机分子 (DNA) 荧光标记物，同时也是制取钕的重要原料。

钕与生活

钕在医学方面的应用

Nd:YAG（掺钕钇铝石榴石激光）医用激光器激光治疗是激光医学研究的最重要内容，是激光在医学应用中最成熟的领域之一，广泛应用于外科、妇科、皮肤科、眼科、耳鼻喉科、口腔科、内科、儿科、肿瘤等临床 300 多种疾病。可做切割、烧灼、照射等非接触手术。尤其对治疗宫颈糜烂、性病等疗效显著。所以随着时代的发展，Nd:YAG 医用激光器激光治疗的普及化是必然的 [1]。

KL 型掺钕钇铝石榴石激光治疗机

钕的毒理性质

实验研究表明：磺酸水杨酸钕（简称 RE-33）具有抗菌消炎作用，可经皮肤微量吸收，但口服给药的半数致死量 (LD50) 属于低毒范畴。研究认为临床使用稀土钕作为外用药是安全的。

小贴士

钕与化妆品

根据中央电视台报道，国家质量总局卫生部曾发表声明：钕不能作为原料添加于化妆品中，但由于钕广泛存在于自然界，生产过程中会微量混入，正常使用含微量钕的化妆品对消费者的健康危害较低。根据《南方周末》报道：生产过程中无可避免地混入微量钕，应该是化妆品存在的普遍现象。

永磁之王

钕铁硼永磁材料是目前世界上磁性最强的永磁材料，其磁能积比广泛应用的铁氧体高 10 倍，比第一代、第二代稀土磁体（钐钴永磁）高约 1 倍，被誉为“永磁之王”。用它代替其他永磁材料，可使器件的体积和质量大幅下降。由于钕资源丰富，与钐钴永磁相比，以铁取代了昂贵的钴，使产品物美价廉，从而获得了极为广泛的应用。目前主要应用领域有：永磁电动机、发电机、核磁共振成像仪、磁选机、音响扬声器、磁力传动、磁力起重、仪器仪表、液体磁化、磁疗设备等，已成为汽车制造、通用机械、电子信息产业和尖端技术不可缺少的功能材料[3]。

钕铁硼永磁材料

参考文献

[1] 洪少春. 掺钕钇铝石榴石激光技术医学应用的光学特性与开发 [J]. 萍乡高等专科学校学报, 2003, (4): 79~82.

[2] 杨美玲. 稀土钕的毒性实验研究 [J]. 暨南大学学报（自然科学与医学版）, 1990 (3):111~119.

[3] 晓哲. 稀土元素钕及其应用 [J]. 稀土信息，2005 (4):31~32.

钆（Gd）
原子序数 64

在镧系元素中钆按原子序数排在第八位，它和其他稀土元素小伙伴一样，生性活泼，拥有相似的化学共性。钆一般多作为混合稀土使用，也可用作石油、化工和环保催化剂，还被用于农牧养殖等方面。但钆也具有自己一些独特的个性，如特殊的磁性、光性和核性质，这使它有了更多大显身手的机会[1]。

钆的基本性质

钆为银白色金属，有延展性，在室温下有磁性。在干燥空气中比较稳定，在湿空气中会失去光泽；它能与水缓慢反应，溶于酸形成相应的盐。其氧化物为白色粉状，盐类无色，有良好的超导电性能，同时可用作反应堆控制材料和防护材料。

钆的发现

钆由瑞士化学家马里纳克于1880年发现，为了纪念第一个稀土元素钇的伟大发现者——芬兰科学家加多林（Gadolin），将其命名为钆（gadolinium）。1886年，法国化学家布瓦博德朗制出纯净的钆。钆在地壳中的含量为6.36×10^{-4}%，主要存在于独居石和氟碳铈矿中[2]。

钆的化合物

在医疗应用方面，钆－二乙烯二胺五醋酸（DTPA）的络合物，正好可以像X射线造影剂钡那样，作为MRI（磁共振成像诊断）的画面浓淡的调节剂来使用。钆的其他用途是用于光纤、光盘。光磁记录是用光来代替磁读取磁化处和未被磁化处，具有高密度、可改写记录的特征。

氧化钆（Gd_2O_3），用作钇铝和钇铁石榴石掺入剂、医疗器械中的增感荧光材料、核反应堆控制材料、金属钆的制取原料、制磁泡材料和光学棱镜添加剂等。

硝酸钆（$Gd(NO_3)\cdot 6H_2O$），它在核反应堆内用作中子毒物。硝酸钆和其他硝酸盐一样，是一种氧化剂。

钆与人体的关系

促进成纤维细胞NIH3T3的存活及细胞周期的推进

利用活细胞成像和共聚焦激光扫描技术可以观察到，在血清饥饿的条件下，氯化钆可以通过增强细胞粘附和细胞骨架重组促进细胞存活。使用蛋白质印迹技术发现蛋白激酶 C 家族蛋白在氯化钆作用不同时间后可以发生磷酸化，表明蛋白激酶 C 被激活。

氯化钆清除巨噬细胞

研究发现，氯化钆在肝脏中有清除巨噬细胞的作用，在肝损伤等疾病中有预防或治疗的作用。此外，氯化钆对巨噬细胞有选择性抑制作用[3]。

钆离子对人体红细胞膜脂及膜蛋白的作用

低浓度的 Gd^{3+} 对（Na^{+}-K^{+}）-ATP 酶和 Mg^{2+}-ATP 酶有轻微的激活作用，而随着其浓度的增大，则明显抑制酶的活性，Gd^{3+} 和人红细胞膜作用后，降低膜脂流动性，并使膜蛋白跳胺 I'-α 螺旋振动强度减弱[4]。

降低糖尿病小鼠血糖水平

可能的机制为 $GdCl_3$ 通过促进胰腺干细胞分化成为成熟的胰岛素分泌细胞，增加内分泌细胞的数量，从而促进受损胰腺的再生与修复，起到降低糖尿病小鼠血糖水平的作用[5]。

小贴士

注射钆喷酸葡胺不良反应

注射钆喷酸葡胺不良反应存在轻微的一过性头痛（8.7%）的情况，其次为注射部位的冷感（4.8%）、恶心、呕吐、发麻、头昏（2%）；另有注射部位的烧感、局部水肿、乏力、胸闷、局部淋巴炎、低血压，腹痛、胸痛、流涎、焦虑、惊厥、喉痒、咳嗽、皮疹、口干、味觉异常、出汗、流泪等情况，其发生率低于 1%。

参 考 文 献

[1] 吕洁．钆生物效应代谢组学研究 [D]．秦皇岛：燕山大学，2009.

[2] 冯敏，李金霞，马孝杰，等．氯化钆对 PKC 的激活可促进成纤维细胞 NIH3T3 的存活及细胞周期的推进 [J]．Journal of Chinese Pharmaceutical Sciences，2014（11）：772~777.

[3] 杜超．氯化钆抑制结肠黏膜炎症改善 TNBS 和 DSS 诱导的肠炎 [D]．济南：山东大学，2014.

[4] 李新民，倪嘉绩，陈羿，等．钆和镱对人红细胞膜脂及膜蛋白的作用 [J]．生物物理学报，1994，10（3）：393~398.

[5] 文锦华，陈燊，孙莹，等．氯化钆对糖尿病小鼠模型的降糖作用 [J]．中国稀土学报，2008，26（1）：108~111.

镱（Yb）
原子序数 70

1878 年，瑞士化学家查尔斯和马里纳克在“铒”中发现了稀土元素大家庭的一位新成员，为了纪念发现地——斯德哥尔摩附近那个名叫伊特比（Yteerby）的小村，便把这个新元素命名为 Ytterbium，元素符号为 Yb。目前，镱合金已在牙科医学中得到应用。

镱有何特点？

镱矿石

镱金属质软、可延展，在纯态时有明亮的银色金属光泽，是所有金属中液态温度区间最小的。

镱金属在空气中会被缓慢腐蚀，失去光泽。镱的二价盐为绿色，三价盐无色，氧化物呈白色。镱会和氢反应，形成各种非整比氢化物。镱在水中会缓慢溶解，在酸中迅速溶解，并产生氢气，会和冷水缓慢反应，和热水快速反应，形成氢氧化镱，镱离子能吸收近红外线波长范围的光线，但不吸收可见光，所以氧化镱矿物（Yb_2O_3）呈白色，镱盐也是无色的。在稀硫酸中，镱迅速溶解形成含有无色镱离子的溶液。

镱来自何方？

镱常见于氧化钇、独居石、硅铍钇矿和磷钇矿等矿物中。独居石含稀土元素的质量分数一般达 50%，镱通常占 0.03%。镱主要存在于离子型稀土矿、磷钇矿和黑稀金矿等稀土矿物中，有 7 种天然同位素。在某些矿石中与钇及其他有关元素共存（如磷钇矿、硅铍钇矿）。

镱的化合物

镱合金已在牙科医学中得到应用。近几年来，镱也在光纤通信和激光技术两大领域崭露头角并得到迅速发展。镱作为重稀土元素，由于可利用的资源有限，产品价格昂贵，限制了其用途研究。随着光纤通信和激光等高新技术的出现，镱才逐渐找到大显身手的应用舞台。

三氟化镱（YbF_3），会不断释放氟化物，所以是一种惰性无毒的牙齿填充材料。它还是一种优良的 X 射线造影剂。

小贴士

镱与西藏天珠

西藏天珠产于西藏喜马拉雅山域，是一种稀有的宝石（科学上称九眼石页岩），据日本科学家研究证实，三四千年前太空陨石撞击该山区时，产生的14种火星元素，使其具有天然的磁场，其中尤以“镱”元素磁场能量极强，可活化细胞组织，促进血液循环，并能造成神奇感应。

有考证天珠与玛瑙属同类矿石，两者仅元素结构的排列不一样，在几千年的历史长河中，天珠在西藏这块中国最纯净的佛教圣地吸收灵气，接受加持，所以又被称为藏密七宝之一，是佛教圣物。

藏民族视天珠为上天赐与他们的吉祥宝物，和生命一样重要，世代收藏供养。现今，西藏天珠以其神妙无比的功益和与日俱增的收藏价值，已在全世界享有很高的声誉，民间认为它不但能够趋吉避凶，增强内气，还可保佑持有者获得福报、功名、财富及一切的圆满。西藏天珠可谓无价之宝，具有很高的实用价值及收藏价值。

钽在电子、冶金、钢铁、化工、硬质合金、原子能、超导技术、汽车电子、航空航天、医疗卫生和科学研究等高新技术领域被人们寄予厚望。

钽的基本性质

钽是仅次于钨、铼的第三个最难熔的金属。纯钽略带蓝色，有极佳的延展性。钽的抗蚀能力与玻璃相同，在中温（约 150℃）只有氟、氢氟酸、三氧化硫（包括发烟硫酸）、强碱和某些熔盐对钽有影响。金属钽在常温的空气中稳定，加热到高于 500℃则加速氧化生成 Ta_2O_5。钽具有熔点高、冷加工性能好、化学稳定性高、抗液态金属腐蚀能力强等一系列优异性能，也能与液氨反应。

钽靶材

钽的来源

钽是稀有金属，在地壳中的含量为 0.0002%，在自然界中常与铌共存。含钽矿物很多，但钽矿物中 Ta/Nb≥1 的却不多，具有工业价值的钽的主要矿物有：钽铁矿、重钽铁矿、细晶石和黑稀金矿等。我国最著名的钽铌矿为江西宜春钽矿。

钽矿山

我国的钽矿主要以低品位的硬岩矿为主，品位在万分之一左右，与澳大利亚万分之三左右的钽矿品位相比，开采成本较高。随着钽矿产资源的日益减少，钽原料供应的日趋短缺，二次钽资源的利用越来越受到重视。目前二次钽资源的利用数量约占钽原材料总供应量的 10%~20%。

钽的化合物

钽所具有的特性，使它的应用领域十分广阔。钽可用来替代不锈钢，寿命可比不锈钢提高几十倍。此外，在化工、电子、电气等工业中，钽可以取代过去需要由贵重金属铂承担的任务，使所需费用大大降低。钽也被制造成了电容装备运用到军用设备中。

氟钽酸钾（K_2TaF_7），用于制取金属钽，也用作催化剂、试剂。

五氧化二钽（Ta_2O_5），用作生产金属钽的原料，也用于生产光学玻璃、电子仪器和其他钽化合物。

钽的医学应用

研究表明钽是无细胞毒性的。1940 年，纯钽首次被应用于骨科医疗，多数报道显示钽金属作为人体植入物未发现任何不良反应。

钽丝

钽的延展性好，可制成与头发丝相当甚至更细的细丝。钽丝作为手术缝合线具备灭菌简易、刺激较小、抗张力大等优点，但同时也存在不易打结的缺点。钽丝可用于缝合骨、肌腱、筋膜以及减张缝合或口腔内牙齿固定，还可用作内脏手术使用的缝合线，或嵌入人造眼球中。钽丝甚至可以替代肌腱和神经纤维。

钽片

钽金属可以制作成各种形状和尺寸的钽片，根据人体各部位的需要进行植入，如修补、封闭人体破碎头盖骨和四肢骨折的裂缝及缺损。而用钽片制成人造耳固定在头部之后，再从腿上移植皮肤，经过一段时间后，新移植的皮肤生长得很好，几乎看不出是人造钽耳朵。

钽支架

利用钽丝可编织网状球囊扩张支架，钽支架在 X 射线下清晰可视，便于监测和随访。其长期滞留体内无断裂及腐蚀。钽的柔韧性良好，因此钽丝支架可以较好地适应动脉的正常搏动，能够快速、准确地释放。

多孔钽棒

多孔钽棒是一种具有人体松质骨结构特点的蜂窝状立体棒状结构，多孔钽棒的弹性模量介于松质骨与皮质骨之间，远低于常用的钛合金植入材料，从而可避免应力遮挡效应。多孔钽棒植入主要用于早中期股骨头缺血性坏死的治疗。多孔钽棒对股骨头坏死区域有很好的支

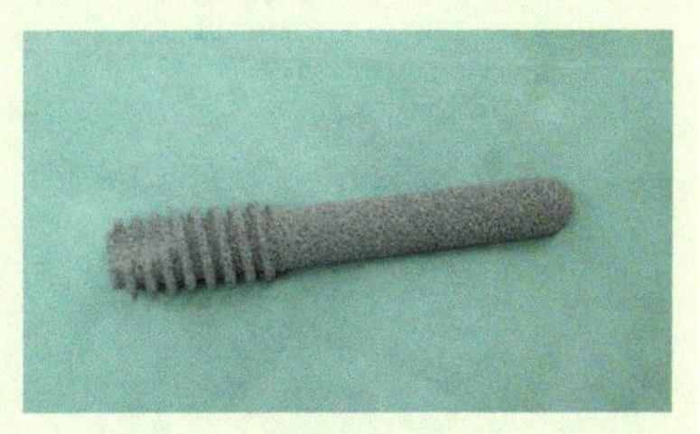

多孔钽棒

撑作用，避免股骨头塌陷，并有对股骨头缺血坏死区域再血管化的潜能。多孔钽可以促进细胞增殖，提高成骨细胞的造骨能力。

多孔钽人工关节

多孔钽作为人工关节材料也具有明显优势。多孔钽有一定的弹性，当与弹性模量相对较大的皮质骨发生相互作用时，在一定范围内会产生轻微形变而不发生碎裂。这一特性使多孔钽髋臼盖与骨性髋臼能更好地相配，提高植入物的初期稳定性，减少发生髋臼骨折的可能。

多孔钽填充材料

多孔钽也可作为人体各个部位的填充材料，如肿瘤切除后的组织再造、颈部和腰椎溶解填补、椎弓置换等。由于多孔钽在力学性能、组织生长、加工性能等方面近乎完美的融合，为多孔钽的成型提供了广阔的设计空间[1]。

小贴士

1802 年，瑞典化学家安德斯・古斯塔夫・埃克伯格在分析斯堪的纳维亚半岛的一种矿物（铌钽矿）时，使它们的酸生成氟化复盐后，进行再结晶，从而发现了新元素，他参照希腊神话中宙斯神的儿子坦塔拉斯（Tantalus）的名字，将这个元素命名为“Tantalum”（钽）。

参 考 文 献

[1] 于晓明，谭丽丽，杨柯．钽金属的医学应用研究进展 [J]. 材料导报，2012，26(1)：79~82.

铼（Re）

原子序数 75

铼是拥有稳定同位素的元素中最后一个被发现的。铼是身披银白色外衣的稀有金属，它生性耐热，具有熔点高的特性，是一种稀散金属。战略金属铼的军事用途独特，没有它就无法生产现代化飞机。

铼的基本性质

铼为银白色金属或灰到黑色粉末。金属铼非常硬，耐磨，耐腐蚀。其熔点在所有元素中排第三（前两位为钨、碳），沸点居首位，密度则排在第四位（前三位有铂、铱和锇）。

金属铼

金属铼坚硬、耐磨、耐腐蚀。在空气中稳定，在高温下与硫蒸气化合成二硫化铼，与氟、氯、溴形成卤化物。铼不溶于盐酸，但溶于硝酸和热的浓硫酸，生成高铼酸。不与氢、氮作用，但能吸收氢气。粉末状金属铼活泼。

铼的来源

铼是一种稀散金属，多以微量伴生于钼、铜、铅、锌、铂、钽、铌、稀土等矿物中。具有经济价值的提铼原料为辉钼矿和铜精矿，其中辉钼矿为铼的主要来源。全球铼资源主要分布在美洲和欧洲。

1871 年，俄国化学家德米特里・门捷列夫在发布元素周期表时就曾预测在自然界中存在一个尚未发现相对原子质量为 190 的类锰元素。1914 年，英国物理学家亨利・莫塞莱推算了有关该元素的一些数据。1925 年，德国化学家沃尔特・诺达克、伊达・诺达克、奥托・伯格用 X 射线在铂矿和铌铁矿中探测到了这种元素，并根据莱茵河的名字 Rhein 将该元素命名为 Rhenium。后来，他们也在硅铍钇矿和辉钼矿内发现了铼。1928 年，他们在 660 千克辉钼矿中提取出了 1 克铼[1]。

铼的化合物

铼是一种稀有难熔金属，不仅具有良好的塑性、机械性和抗蠕变性能，还具有良好的耐磨损、抗腐蚀性能，对除氧气之外的大部分燃气能保持比较好的化学惰性。铼及其合金被广泛应用到航空航天、电子工业、石油化工等领域。

七氧化二铼（Re_2O_7），黄色固体，具有挥发性，最常见的氧化铼。溶于水，形成高铼酸（$HReO_4$）。

二氧化铼（ReO_2），深褐色固体物质。具有吸气性能，在空气中与碱共熔可形成高铼酸盐。易与硝酸、过氧化氢等作用生成铼酸。可被氢还原制取金属铼原料和有机化合物合成催化剂[2]。

铼与人体的关系

将铼放射性药物分为亲肿瘤药物、亲骨药物和胶体药物。近十几年来，发展迅速，其中亲肿瘤药物的研究最多，在药物化学、标记技巧及医疗应用等方面的研究比较充分；其次是亲骨药物，这类药物与恶性肿瘤有密切关系，它是各种软组织恶性肿瘤骨转移后的显像和止痛药物。

亲肿瘤放射性药物

将放射性铼与抗体连在一起，主要利用抗体对肿瘤的亲合作用，可把放射性铼引入靶器官，达到杀伤癌细胞的目的。可将放射性铼直接与抗体相连，也可以将放射性铼与双功能配体络合，抗体与配体连结在一起。

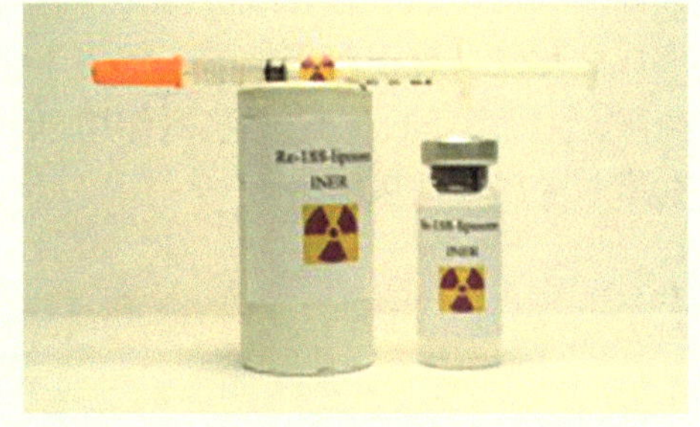

含铼放射性药物

亲骨放射性药物

亲骨药物大多是一些含—PO_3H_2 配体的放射性铼的络合物。若核素为 $^{99}Tc^m$，亲骨药物便成为骨显像药物，骨显像药物对铼的治疗药物有很大的参考价值。

胶体放射性药物

放射性滑膜切除药物是胶体药物的一大类，主要用于类风湿关节炎的治疗[3]。

小贴士

由于用量一般很少，因此人们对铼以及铼化合物的毒性所知很少。卤化铼和高铼酸盐等可溶盐的有害性可能来自铼或者其他所含元素。科学家只对极少数铼化合物做过毒性测试，包括高铼酸钾和三氯化铼。

参 考 文 献

[1] 铼资源储量分布和产量情况．亚洲金属网．http://baike.asianmetal.cn/metal/rhenium/resources&production.shtml.

[2] 铼的性质及化合物．亚洲金属网．http://baike.asianmetal.cn/metal/rhenium/characteristic.shtml.

[3] 刘国正，刘伯里．铼放射性药物的现状和展望 [J]．同位素，1995(1):53~64.

铂（Pt）
原子序数 78

铂是一种极为昂贵的金属，它比黄金还要稀有30倍。铂还是一种非常稳定的金属，即使日常佩戴也不会变质或褪色，光泽始终如初。正因如此，许多年轻人选择铂的高贵、永恒来见证他们美好的爱情。“爱情金属”铂在年轻群体中深入人心，品质优良、设计简约的铂戒指也备受新人青睐。

铂的基本性质

铂属于贵金属，纯铂为带光泽、具可延展性的银白色金属。它的可延展性比金、银和铜都要高，因此是所有纯金属中延展性最高的，但其可锻铸性却比金低。

铂金属的抗腐蚀性极强，在高温下非常稳定。它在任何温度下都不会氧化，但可被各种卤素、氰化物、硫和苛性碱侵蚀。铂不可溶于盐酸和硝酸，但它会在热王水中溶解，产生氯铂酸。

铂戒指

铂的来源

铂在自然界以单质存在为主，常与金及铂系金属共生。人类在自然界迄今发现的最大单质铂块质量达9.6千克。世界上铂储藏最多的地区是拉丁美洲。中国铂资源奇缺，还不到世界总储量的1%[1]。

铂的供给主要分为矿山供给、催化剂回收与首饰回收。近年来，南非的矿山受罢工、设备陈旧以及开采成本上升等原因导致产量大幅下降，而南非是铂的主要生产国，其矿山产量的下降直接使得全球铂矿山产量的下降。同时铂的主要生产商成本已接近铂价，所以未来价格将受开采成本的支撑。随着价格的上涨，铂系金属的回收将是一大趋势。

含铂矿石

铂的化合物

铂由于有很高的化学稳定性和催化活性，应用广泛，多用来制造耐腐蚀的化学仪器，如各种反应器皿，也用于制造首饰等。

氯铂酸（H_2PtCl_6），应用十分广泛，包括摄影、锌蚀刻、不褪色墨水、电镀、镜子、瓷器上色以及催化剂等。

二氧化铂（PtO_2），是一种优良的吸氢材料，在电子工业中常用作低阻值范围的电阻。

顺铂（$Pt(NH_3)_2Cl_2$），是一种含铂的化疗药物。同类药物还包括卡铂和奥沙利铂。这些化合物能够交叉链接DNA，并通过相似的反应杀死细胞。

Cl　Cl
Pt
NH_3　NH_3

顺铂分子结构示意图

铂与人体健康

铂作为药物用于治病的历史可追溯到1841年，当时它被用于治疗梅毒和风湿病；铂基抗肿瘤药目前用于化疗，对付某些肿瘤的效果良好。

铂是某些硅橡胶和凝胶生产过程中的催化剂，它们是多种医疗植入物的成分，例如乳房植入物、关节修复体、人造腰椎间盘等。

铂中毒临床症状

致密的铂和铂合金无毒性，可以安全使用。除了含有高镍的铂合金以外，长期接触或佩戴铂合金材料和首饰不会中毒或致皮肤过敏。

但是铂化合物和铂是不一样的。皮肤与氧化铂或可溶性铂盐接触产生皮炎，与少量铂粉接触导致过敏性皮炎、红斑、风疹、皮肤开裂和湿疹斑点等症。铂中毒的主要特征是上呼吸道器官感染。可溶简单铂盐的毒性又完全不同于配合物铂盐的毒性，一般来说，前者造成呕吐和严重腹泻，后者影响神经系统[2]。

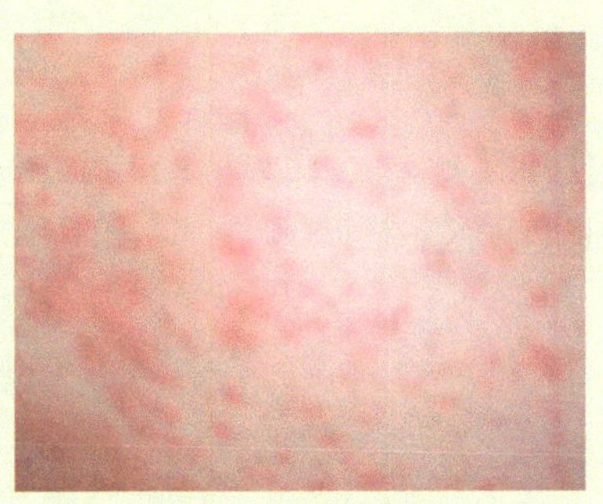

铂中毒导致过敏性皮炎

中毒防治措施

铂中毒一般预后良好，脱离接触后，轻者可迅速恢复，重者恢复较慢。患者暂时调离接触粉尘或烟尘的工作，经常用水洗掉鼻中的铂盐，呼吸新鲜空气或吸氧能使症状减轻。如对铂盐过敏者，给抗过敏治疗。

小贴士

神奇的杯子

有一天，瑞典化学家贝采里乌斯在化学实验室繁忙地进行着实验。薄暮，他的妻子玛丽亚筹备了酒菜宴请亲友，庆祝他的生日。贝采里乌斯沉迷在实验中，把这件事全忘了，直到玛丽亚把他从实验室拉出来，他才恍然大悟，仓促地赶回家。一进屋，客人们纷纷举杯向他庆祝，他顾不上洗手就接过一杯蜜桃酒一饮而尽。当他自己斟满第二杯酒干杯时，却皱起眉头喊道："玛丽亚，你怎么把醋拿给我喝！"玛丽亚和客人都停住了。玛丽亚细心瞧着那瓶子，还倒出一杯来品味，一点儿都没错，确实是香醇的蜜桃酒啊！贝采里乌斯顺手把自己倒的那杯酒递上前，玛丽亚喝了一口，简直全吐了出来，也说："甜酒怎么一下子变成醋酸啦？"客人们纷纷凑近来，猜想着这"神杯"产生的怪事。

贝采里乌斯发现，原来衣裳里有少量玄色粉末。他瞧瞧本人的手，发现手上沾满了在试验室研磨白金时给沾上的铂黑。他高兴地把那杯酸酒一饮而尽。原来，把酒变成醋酸的魔力起源于白金粉末，依据微谱催化剂成分分析是它加快了乙醇（酒精）和空气中的氧气发生化学反应，生成丁醋酸。后来，人们把这一作用叫做触媒作用或催化作用，希腊语的意思是"解去约束"。

参 考 文 献

[1] 徐德海，等．化学元素知识简明手册 [M]．2 版．北京：化学工业出版社，2016.
[2] 宁远涛，杨正芬，文飞．铂 [M]．北京：冶金工业出版社，2010.

金是最珍贵和最被人看重的金属之一，在几千年前便已作为货币流通，是一种非常重要的金属。

关于金，还有一个比较有意思的说法。金的符号为 Au，来自金的拉丁文名称 aurum。而 aurum 来自 aurora 一词，是“灿烂的黎明”的意思。在古墨西哥的阿兹特克人使用的语言中，黄金的写法是 teocuitlatl，意思是“上帝的大便”。

美国鹰金币

什么是金？

金的单质在室温下为固体，密度高、柔软、光亮、抗腐蚀，其延性及展性均是已知金属中最高的。一克金可以打成一平方米薄片。金叶甚至可以被打薄至半透明，透过金叶的光会显露出绿蓝色，因为金反射黄色光及红色光能力很强。

金的熔点为 1064℃，沸点为 2807℃，密度相当高，为 19.32 克 / 厘米^3。金比较稳定，与大多数化学物都不反应，但可以被氯、氟、王水及氰化物侵蚀。

金从哪来？

当矿石含有天然金时，金会以粒状或微观粒子状态藏在岩石中，通常会与石英或如黄铁矿的硫化物矿矿脉同时出现，称为脉状矿床或岩脉金。天然金也会以叶片、粒状或大型金块的形式出现，它们由岩石中侵蚀出来，最后形成冲积矿床的沙砾，称为砂矿或冲积金。冲积金一定会比脉状矿床的表面含有更丰富的金，因为在岩石中金的邻近矿物氧化后，再经过风化作用、清洗后流入河流与溪流，在那里收集及结合再形成金块。

金矿石

我们身边的金

金是比较贵重的金属。它可以用作国际储备，这是由它的货币商品属性决定的。另外，我们最常见的就是将金用作珠宝装饰，华丽的黄金饰品一直是财富的象征。

氰化金钾（$KAu(CN)_4$），有剧毒。应用于饰品镀金、仪器仪表精饰、防腐、红外反射装置、电话接点等。

三氧化二金（Au_2O_3），是金最稳定的氧化物。三氧化二金是呈红棕色至棕褐色的固体，不溶于水，溶于浓无机酸、冰醋酸和氰化物溶液中，对热不稳定。

氯金酸（$HAuCl_4$），会被大部分的金属所还原。氯金酸被二甲硫醚还原后会生成二甲硫醚氯化亚金，也常用来生成其他的含金配合物。在利用沃尔威尔法精炼金时，会使用氯金酸为电解质。

氯金酸

金有何用？

另类医疗

在中世纪，由于金罕有及漂亮，因此被认为对健康有益（虽然实际上不是）。现在，隐微术者仍认为金有治疗疾病的力量，并用作另类医疗。其实，部分金的盐类的确有防止发炎的性质，并被用作治疗关节炎。但由于金属状态的金对所有体内的化学反应呈现惰性，因此，只有金的盐类及其放射性同位素有医学价值。

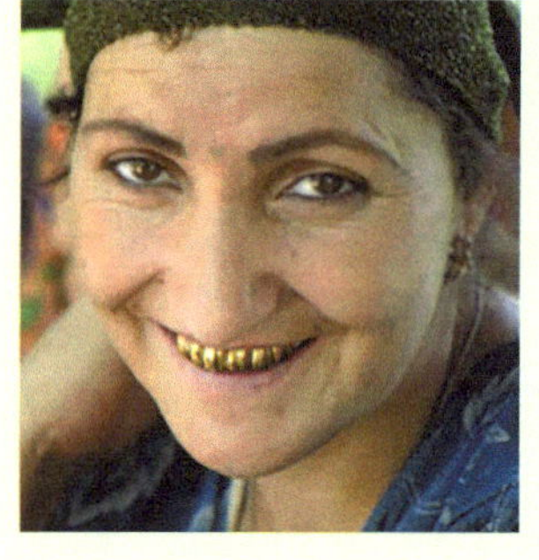

金牙

牙医学

金合金多在牙科修复学上使用，特别是牙齿修复，例如牙冠及永久牙桥。金合金的细微延展性可令表面与其他牙齿吻合，所以修复效果比陶瓷制的大臼齿好。在文化角度，有些文化喜欢制作金牙齿安在门牙上。

胶态金

它是由柠檬酸盐或抗坏血酸盐的还原反应来还原溶液中的氯金酸，然后在纳米技术下制成。胶态金多用在医学、生物学及材料科学上。

金水酒

辐射治疗

金的同位素金-198，可以用作部分癌症及其他疾病的治疗[1]。

食用金箔

金箔是铺在美食上的金薄片或粉末，可用作糖果及饮品上的装饰[2]。金箔在中世纪欧洲以薄片或粉末形式，被贵族加在食物及饮品中，以凸显贵族的富裕、食品的罕有及珍贵。

小贴士

足金、K 金、白金和铂金的区别

足金：含金量不少于 99% 的黄金称为足金。人们常说的千足金是含金量不小于 99.9% 的黄金，是首饰成色命名中的最高值。但自 2016 年 5 月 4 日起，根据国家标准化管理委员会公布的 GB 11887—2012《首饰贵金属纯度的规定及命名方法》第 1 号修改单，即使是纯度 99.9% 的金饰，也只能标注为“足金”，而不能叫“千足金”了。

K 金（或开金）：黄金的特点之一就是柔软，所以难以镶制出各种精美的款式，尤其当镶嵌珍珠、宝石和翡翠等珍品时容易丢失。因此，人们在黄金中加入少量银、铜、锌等金属以增加黄金的强度和韧性，这样制成的合金称为 K 金（或开金）。“K”为英文 carat、德文 karat 的缩写，1K 的含金量为 4.166666%。理论上，100% 的金才能称为 24K 金，但在现实中不可能有 100% 的黄金，所以我国规定：含金量达到 99.6% 以上（含 99.6%）的黄金才能称为 24K 金。9K 金含金量为 37.5%，14K 金含金量为 58.5%，18K 金含金量为 75%，22K 金含金量为 91.6%。

白金：在珠宝首饰柜台销售的白金饰品通常是指白色的 K 金，即它的主要成分是黄金。它是加入其他金属后而呈现出白色的。白色 K 金首饰通常使用 18K 或 750 来表示其中所含黄金的纯度。

铂金：即铂（platinum, 简称 Pt），是一种天然生成的白色贵金属。国家规定只有铂含量在 85% 及以上的首饰才能被称为铂金首饰，并必须带有 Pt 标志。铂金首饰通常带有 Pt850、Pt900、Pt950 或 Pt990 的纯度标志。

参 考 文 献

[1] Nanoscience and Nanotechnology in Nanomedicine: Hybrid Nanoparticles In Imaging and Therapy of Prostate Cancer – Radiopharmaceutical Sciences Institute, University of Missouri–Columbia.

[2] The Food Dictionary: Varak. Barron's Educational Services, Inc. 1995.

主弊金属元素

钪（Sc）

原子序数 21

钪是一种稀土元素。它时而温柔，时而冷酷，因为钪单质无毒，但有些钪的化合物毒性极强。1879年，瑞士化学家尼尔森从一种稀土中发现了钪，不过他发现的并不是金属钪，而是钪土（氧化钪），但它的名称却是以钪单质命名的。尼尔森为其命名的拉丁文名为 scandium。该名称来自 Scandinavian，即斯堪的纳维亚半岛，以纪念发现者的祖国所在的地理位置。

钪的基本性质

金属钪

钪是银色的柔软金属，被空气氧化时略带浅黄色或粉红色。金属钪的硬度较小，质地轻软，延展性和可塑性好。但导电性和传热性比大多数金属都差。

和其同族的钇盐一样，钪盐的味道是甜味，同时伴有第四周期过渡元素盐特有的涩味。比如硝酸钪的味道如同甘蔗和醋混合一样，同时有一定的涩味，非常明显的味道。

钪是过渡元素中化学性质最活泼的金属。在干燥的空气中能被缓慢氧化；与水能直接反应[1]。钪是碱性金属，容易在大多数稀酸中缓慢溶解，但在强酸中表面易形成钝化层。

钪的来源

钪为亲氧元素，在自然界中没有单质，全以化合物的形式存在，而且非常分散，除了集中存在于硅酸钪中之外，最爱跟钇共生在钪钇矿、硅钪矿、水磷钪矿、硅铍钇矿和黑稀金矿里。另外在黑钨矿和锡石矿中也有微量的钪。钪主要分布在俄罗斯、塔吉克斯坦、美国、马达加斯加等国家。

我国四川省攀枝花钒钛磁铁矿中含有丰富的钪。因为钪是典型的稀散矿石，收集和提炼都很困难，所以产量极少，价格昂贵。

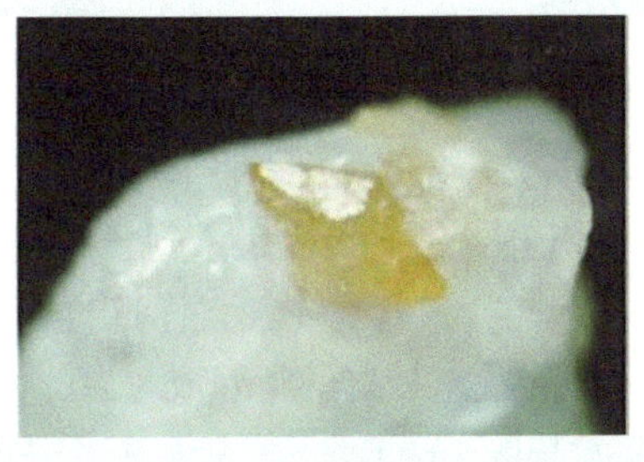
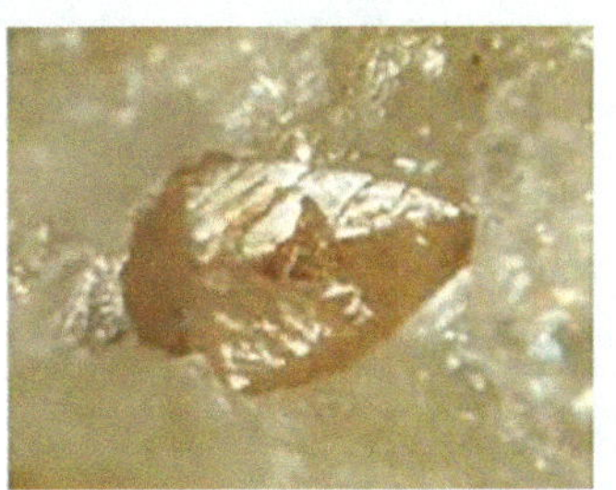

钪的矿物

钪与钪的化合物

比较有趣的是，钪的用途（作为主要工作物质，而不是用于掺杂的）都集中在很光明的方向，称它为“光明之子”也不为过。

金属钪，可以将撒落地面的光明收集起来，变成推动人类社会的电力。在金属－绝缘体－半导体硅光电池和太阳能电池中，钪是最好的阻挡金属。另外，金属钪还用来制特种玻璃、轻质耐高温合金。

碘化钪（ScI_3），可以和钪箔制成一种金属卤化灯——钪钠灯，一盏相同照度的钪钠灯，比普通白炽灯节电 80%，使用寿命长达 5000~25000 小时。由于钪钠灯具有发光效率高、光色好、节电、使用寿命长和破雾能力强等特点，可广泛用于电视摄像和广场、体育馆、马路照明，被称为第三代光源。

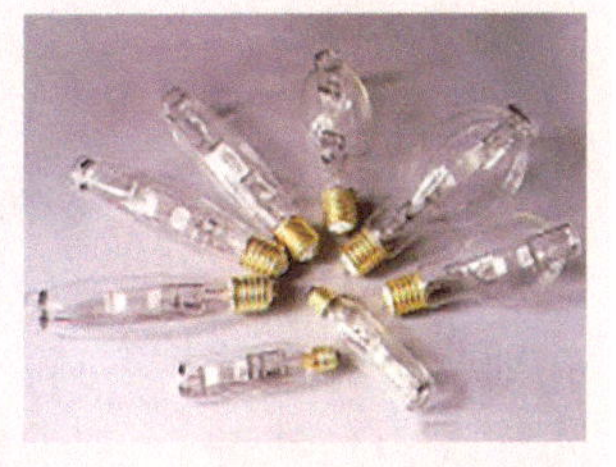

钪钠灯

氧化钪（Sc_2O_3），用于电子工业、固体电解质、特种陶瓷、变色玻璃、光导纤维、激光材料和超导材料，还在化学工业中作催化剂。

钪与人体关系

元素钪被认为是无毒的，钪化合物的动物试验已经完成。氯化钪的半数致死量已被确定为 4 毫克 / 千克腹腔和 755 毫克 / 千克口服给药。从这些结果看来钪化合物应为中度毒性化合物。生活中应尽量避免与氯化钪接触。

小贴士

话说某日某大帅点兵，日上三竿之时阵容依然是稀稀落落。大帅不禁拍案大怒，吩咐左右先把先锋官给我从家里拖过来，在辕门外面斩首示众了再说。这时忽然一匹白马从远处飞驰而来，上面坐着一员小将。只见那员小将身手敏捷，面如冠玉，一身银盔银甲手持亮银枪。这小将来到阵前翻身下马伏地便拜，口称“末将死罪。”大帅面色一沉，抬手举起一支令箭，往地上一掷：“先锋官何故日中才至，拉出去砍了！”那小将连声叫屈道：“在下实在是不得已而为之，我，我这是刚刚出生就赶过来了。”大帅摇一摇头，大不以为然：“你这样当庭胡说八道，吾岂可信你？”这时营门之外忽而一片混乱，人喊马嘶混成一片。只见三个人拍马赶来，定睛一看，这三人竟生得是金发碧眼，异于常人。只见三个人滚鞍下马，也不行礼，大咧咧往那里一站，便各自报上名姓：“在下门捷列夫，我给你家先锋官开的准生证。”“在下尼尔森，是我给他接生的。”“在下克里夫，他的户口是我开出来的。”大帅被这么一折腾，有点迷糊了：“三位，这到底是怎么回事？还请各位徐徐道来，我等也好听个明白。”

云山雾罩了一圈，上面这个点兵大会，点的兵其实是稀土元素。在元素化学里，有一系列性质非常接近的金属元素被称为稀土元素。这一系列中包括了十五个镧系元素——镧、铈、镨、钕、钷、钐、铕、钆、铽、镝、钬、铒、铥、镱、镥；以及和这些同族而性质相似的两个更轻的元素：钪和钇。这一系列元素最初是从瑞典产的比较稀少的矿物中发现的，“土”是当时对不溶于水的金属氧化物的统称，因此得名稀土。在这十七个元素里面，钪的排位是最靠前的，原子序数只有21，不过就发现而言，钪比它在元素周期表上面的左邻右舍都要晚了差不多上百年，即使在稀土里面，钪的发现也不是较早的，排列在钇、铈、镧、铒、铽和镱后面，名列第七。作为最轻的先锋官，他的出场委实晚了一些。原因很简单，钪在地壳里的含量并不高，只有5×10^{-6}，也就相当于每1吨地壳物质里面有5克（一小块大白兔奶糖），不但和其他轻元素相比要低不少，在整个稀土元素中含量也仅属中等，大概只有他最富裕的兄弟铈的1/10。另外呢，稀土元素感觉很有点集体领导的意思，他们的矿藏仿佛是在开会一样，只要一开会，这一伙元素就往往要全部列席会议，这样一来，想从混生的矿藏中找到我们的钪，其实并不容易。

参考文献

[1] 徐德海，等. 化学元素知识简明手册 [M]. 2 版. 北京：化学工业出版社，2016.
[2] 王洋. 稀土元素在生物体内的积累及遗传毒理研究 [D]. 芜湖：安徽师范大学，2004.

钇的化学性质与镧系元素非常相似，所以经过各种自然过程，这些元素都一同出现在稀土矿中。钇的存量丰富，但是它却似乎十分高冷，很难从稀土中分离出来。钇在工业上的用途广泛，但其化合物对人体有毒性，因此，接触钇时应注意自身安全。

钇的基本性质

钇是一种质软、带光泽的银白色金属晶体，成块的纯钇在空气中会在表面形成保护性氧化层（Y_2O_3），这种钝化过程使它相对稳定。不过钇粉末在空气中很不稳定，金属屑可以在 400℃以上的温度在空气中点燃。

钇的来源

钇元素出现在大部分稀土矿和某些铀矿中，但从不以单质出现。钇在地球地壳中的丰度约为 $3.1\times10^{-3}\%$，在所有元素中排第 28 位，是银丰度的 400 倍。泥土中的钇含量为 0.001%~0.015%（去水后平均质量占 $2.3\times10^{-3}\%$），在海水中含量为 $9\times10^{-10}\%$。美国阿波罗计划期间从月球采得的岩石样本中含有较高的钇含量。

钇矿石

世界重要的钇产地有美国伊利诺伊州、澳大利亚昆士兰州、德国、瑞士、挪威、墨西哥、加拿大、俄罗斯、意大利和中国浙江武义、义乌、金华地区等。

钇的化合物

钇在国民经济的冶金、化工、航天、能源、电子等领域均发挥重要作用。

用功率 400 瓦的钕钇铝石榴石激光束来对大型构件进行钻孔、切削和焊接等机械加工。

由 Y-Al 石榴石单晶片构成的电子显微镜荧光屏，荧光亮度高，对散射光的吸收低，抗高温和抗机械磨损性能好。

目前倍受人们关注的掺钇 $SrZrO_3$ 高温质子传导材料，对燃料电池、电解池和要求氢溶解度高的气敏元件的生产具有重要的意义。

钇与人体关系

钇元素没有已知的生物用途，但几乎所有生物体内都存在少量的钇。进入人体后，钇主要积累在肝、肾、脾、肺和骨骼当中。一个人体内一共只有约 0.5 毫克的钇，而人乳则含有 $4 \times 10^{-4}\%$ 的钇。在食用植物中，钇的含量约为 0.002%~0.01%（鲜重），其中以卷心菜为最高；木本植物种子中的含量为 0.07%，是植物中已知最高的。

钇中毒导致呕吐、胸部疼痛

中毒临床表现

水溶钇化合物具微毒性，但非水溶化合物则不具毒性。钇及其化合物会造成肝和肺的破坏，但不同化合物的毒性程度各异。老鼠在吸入柠檬酸钇后，产生肺水肿和呼吸困难，吸入氯化钇后则有肝性水肿、胸腔积液及肺充血等症状。

钇化合物对人类可导致肺病。钒酸钇铕飘尘会对人的眼部、皮肤和上呼吸道有轻微的刺激，但这可能是飘尘的钒成分所导致的，而不是钇。短期暴露在大量钇化合物中，会引致呼吸急促、咳嗽、胸部疼痛以及发绀。

钇也可导致体内癌变而致死。

医学上的作用

钇 -90 是一种放射性同位素，被用在依多曲肽及替伊莫单抗等抗癌药物中，可治疗淋巴癌、白血病、卵巢癌、大肠癌、胰腺癌和骨癌等。该药物会附在单克隆抗体上，与癌细胞结合后以钇 -90 的强烈 β 辐射使癌细胞中的 DNA 产生变异，经过半衰期间内的放射曝露，之后经由生物转殖的特性，致使癌细胞 DNA 无法继续往下转录繁衍，一般仍被定为成功的治疗，约需经过 3~6 个月的观察周期而论。不过钇 -90 仍属于局部放射疗法之一，可能带给治疗患者不可预期的伤害，例如，急性肝衰竭。

用钇 -90 做的针头可以比解剖刀更加精确，可用于割断脊髓里的疼痛神经。在治疗类风湿性关节炎时，钇 -90 还能用在发炎关节的滑膜切除术中，特别针对膝盖部位。

掺铒的钇铝石榴石则开始被用在磨皮整容手术上。

小贴士

在 1787 年，Karl Arrhenius 碰到了一块不同寻常的黑色石头，在 Ytterby 的一个老采石场，临近斯德哥尔摩（瑞典）。他以为自己发现了一种新的钨矿石，然后把样本交到了住在芬兰的 Johan Gadolin。在 1794 年，Gadolin 宣布它包含一种新的“泥土”，构成了其质量的 38%。它被称为“泥土”是因为氧化钇（Y_2O_3），在将其用木炭加热后也没能进一步还原。

钇这种金属自身是在 1828 年由 Friedrich Wöhler 分离出来的，由氯化钇和钾反应制得。然而，钇中还藏着其他的元素。

在 1843 年，Carl Mosander 更加彻底的研究氧化钇，发现它由三种氧化物组成：氧化钇，是白色的；氧化铽，是黄色的；还有氧化铒，是玫瑰红色的。

钯（Pd）
原子序数 46

钯是一种铂系稳定元素。钯的身份虽然不及金那么尊贵，但它多用于与钌、铱、银、金、铜等熔成合金，用于制造精密电阻、珠宝饰物等。最常见和最有市场价值的莫过于用钯金合金制成的钯金首饰。钯金几乎没有杂质，是合金家族中“血统”几乎最为纯正的一员，闪耀着洁白的光芒。钯金还十分适合肌肤，不会造成皮肤过敏。钯金还是首饰中最有魅力的金属——珍贵、纯净、永恒！

钯的基本性质

金属钯是一种银白色金属，硬度较小，质地较软，有良好的延展性和可塑性，能锻造、压延和拉丝。块状金属钯能吸收大量氢气，但吸收过多会使钯变脆，体积显著胀大，表面布满裂纹，乃至破裂成碎片。

钯金戒指

金属钯

钯的化学性质不活泼，常温下在空气和潮湿环境中稳定。块状钯投入火中可失去光泽，但离火之后很快就又恢复原来的光泽。钯的吸气能力很强，特别是能吸入大量氢气[1]。

钯的来源

钯在地球上的储量稀少，采掘冶炼较为困难，属稀贵金属范畴。钯在地壳中的含量为 $1\times10^{-6}\%$，钯在自然界主要以游离状态共生于铂钯矿（钯约占 50%）与原铂矿（钯仅占 1.4%），还常与其他铂系元素一起分散在冲积矿床和砂积矿床的多种矿物（如硫化镍铜矿、镍黄铁矿等）中。独立矿物有六方钯矿、一铅四钯矿、锑钯矿、铋铅钯矿、锡钯矿等。

含钯矿石

钯的化合物

由于金属钯耐腐蚀而光泽不退，既用来制作低电流接触点、电阻线、印刷电路与特殊合金，还参与制造天文望远镜，并用于制作首饰和镶牙材料。工业上钯及其合金用于电子电器工业，如制造精密电阻、大容量继电器触头等；化学和石油工业中作为硝酸合成、石油精炼的催化剂等。

氯化钯（$PdCl_2$），既用于电镀，也用于医药、照相、瓷器和对一氧化碳的测定；氯化钯及其有关的氯化物还用于循环精炼并作为热分解法制造纯海绵钯的来源。

一氧化钯（PdO）和氢氧化钯（$Pd(OH)_2$），可作钯催化剂的来源。

四硝基钯酸钠（$Na_2Pd(NO_3)_4$）和其他络盐用作电镀液的主要成分。

钯与人体关系

口服钯盐毒性很小，但静脉注射时毒性较口服大 70 倍。大鼠静注氯化钯的 LD50 为 3 毫克 / 千克，动物静注和腹腔注射钯盐可产生明显蛋白尿和酮体尿。

钯有抗癌作用。

小贴士

《钢铁侠 2》热映，钯中毒引起关注

在《钢铁侠 2》中，钢铁侠体内的“小型核电工厂”中的放射性的原料元素“钯”引起了大麻烦，让托尼这一血肉之身深受重金属中毒之苦。“钯”的确有一些毒性，只不过不会出现影片中那样的夸张症状，现实中的钯主要用于制造牙科材料以及珠宝首饰。

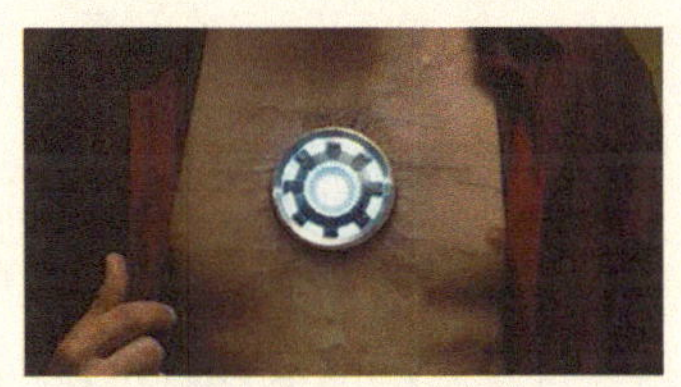

钢铁侠体内的“小型核电工厂”

钯及其化合物经口摄入吸收很少，吸入的钯化合物主要滞留于肺部，吸收后的钯很快转运至肝、肾、脾、肾上腺、肺、骨骼等器官，主要通过尿排泄。

参 考 文 献

[1] 徐德海，等. 化学元素知识简明手册 [M]. 2 版. 北京：化学工业出版社，2016.

镉（Cd）
原子序数 48

镉是性质柔软的有毒过渡金属，也可称之为一把“双刃剑”，谈其“利”，可制作镍镉电池，用于塑胶制造和金属电镀，生产颜料、油漆、染料、印刷油墨等某些黄色颜料，制作车胎、某些发光电子组件和核子反应堆原件。然而，镉对健康却有不良的影响，被列为可致癌物，在 20 世纪 50 年代的日本以及近年国内都发生过镉超标导致的大米污染事件。

镉究竟是什么？

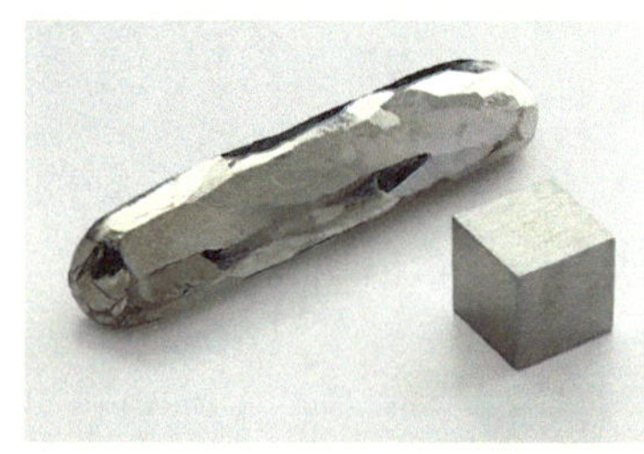
金属镉

镉是银白色有光泽的金属，熔点为 320.9℃，沸点为 765℃，密度为 8.65 克 / 厘米^3，有韧性和延展性。镉在潮湿空气中缓慢氧化并失去金属光泽，加热时表面形成棕色的氧化物层，若加热至沸点以上，则会产生剧毒的氧化镉烟雾。高温下镉与卤素反应激烈，形成卤化镉。也可与硫直接化合，生成硫化镉。镉可溶于酸，但不溶于碱。镉的氧化态为 +1、+2 价。氧化镉和氢氧化镉的溶解度都很小，它们溶于酸，但不溶于碱。镉可形成多种配离子，如 $Cd(NH_3)^+$、$Cd(CN)^+$、$CdCl^+$ 等。

镉的来源

镉的单独矿物不多，在自然界中主要以硫镉矿的形式存在；也有少量存在于锌矿中，所以也是锌矿冶炼时的副产品，锌与镉的比例范围是 200:1 至 400:1 之间。镉的主要矿物有硫镉矿（CdS），贮存于锌矿、铅锌矿和铜铅锌矿石中。镉的世界储量估计为 900 万吨。

总的来看，我国镉矿相对集中，主要分布在我国的中部、西南部及华东地区。这些地区的累计探明镉资源储量占全国累计探明总储量的 88.0%，保有储量占全国总保有储量的 87.1%。其中比较有名的矿区为云南金顶铅锌伴生镉矿和贵州都匀牛角塘大型镉矿。云南省镉资源最为丰富，其次为甘肃省，再次为福建省、四川省，4 个省累计探明镉资源储量分别占全国累计探明总储量的 61.0%、7.4%、4.8%、4.1%。其余 19 省所拥有的镉资源相对较少，累计探明镉资源储量合计为 16.37 万吨，占全国累计探明总储量的 22.7%[1]。

镉的亲友团

镉化合物不仅与电池行业有着密切关系，还有很多其他用途。

氰化镉

氢氧化镉（$Cd(OH)_2$），是一种离子化合物，为白色晶体。它在NiCd电池中是一种关键性的化合物。

氰化镉（$Cd(CN)_2$），是白色晶体，加热变为褐色，剧毒，可用于电镀。

硝酸镉（$Cd(NO_3)_2$），容易潮解，通常用来制造一些含镉的化学物质。

镉与生活

镉是人体非必需元素，在自然界中常以化合物状态存在，一般含量很低，正常环境状态下，不会影响人体健康。镉和锌是同族元素，在自然界中镉常与锌、铅共生。当环境受到镉污染后，镉可在生物体内富集，通过食物链进入人体引起慢性中毒。镉被人体吸收后，在体内形成镉硫蛋白，选择性地蓄积在肝、肾中。其中，肾脏可吸收进入体内近1/3的镉，是镉中毒的“靶器官”。其他脏器如脾、胰、甲状腺和毛发等也有一定量的蓄积。由于镉损伤肾小管，病者出现糖尿、蛋白尿和氨基酸尿。特别使骨骼的代谢受阻，造成骨质疏松、萎缩、变形等一系列症状。

急性镉中毒，根据接触史和呼吸道症状，诊断不难。慢性镉中毒除职业史和临床症状外，结合胸片、肺功能、肾小管功能和尿镉等作出诊断。

急性镉中毒

急性镉中毒是吸入所致，先有上呼吸道黏膜刺激症状，脱离接触后上述症状减轻。经4~10小时的潜伏期，出现咳嗽、胸闷、呼吸困难，伴寒战、背部和四肢肌肉和关节酸痛，胸部X射线检查有片状阴影和肺纹理增粗。严重患者出现肺水肿和心力衰竭。口服镉化合物引起中毒的临床表现酷似急性胃肠炎，有恶心、呕吐、腹痛、腹泻、全身无力、肌肉酸痛，重者有虚脱[2]。

慢性镉中毒

慢性镉中毒的早期肾脏损害表现为尿中出现低分子蛋白，还可出现葡萄糖尿、高氨基酸尿和高磷酸尿。晚期患者出现慢性肾功能衰竭。肺部表现为慢性进行性阻塞性肺气肿，最终导致肺功能减退。慢性中毒患者常伴有牙齿颈部黄斑、

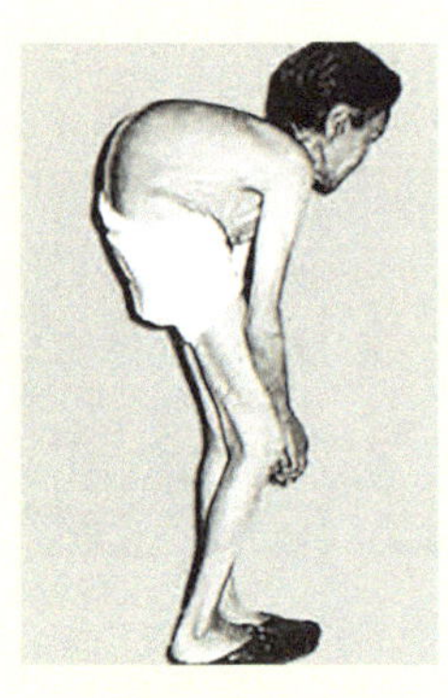

痛痛病症状

嗅觉减退或丧失、鼻黏膜溃疡和萎缩，其他尚有食欲减退、恶心、体重减轻和高血压。长期接触镉者见有肺癌发病率增高。

日本报道的因摄食被镉污染的水源引起的一种慢性镉中毒称“痛痛病”。临床表现为背和腿疼痛、腹胀和消化不良，严重患者发生多发性病理性骨折。实验室检查有肾小管再吸收功能障碍，尿钙和尿磷酸盐排泄增加，血钙降低等。“痛痛病”经流行病学调查认为与镉有关。“痛痛病”以育龄妇女多见，故考虑除镉外，尚有营养缺乏、钙丢失和内分泌等因素。

防治措施

应及早撤离出事现场、保持安静，卧床休息，吸入氧气，保持呼吸道畅通，可用10%硅酮雾化吸入，以消除泡沫，肾上腺皮质激素能降低毛细血管通透性，宜早期定量使用。限制液体入量，给予抗生素防止继发感染，急性食入性镉中毒时主要采用对症治疗，给予补液、注射阿托品用来止吐和消除腹痛。

慢性镉中毒引起肾脏损害者，膳食中应增加钙和磷酸盐的摄入，供给充足的锌和蛋白质，金属络合剂依地酸二钠钙（$CaNa_2EDTA$）可增加镉的排出，但可加重肾脏的损害，在急、慢性中毒时均不主张使用。有报道口服氮川三乙酸（NTA）能促使镉排出，从而降低在体内的蓄积，而不损害肾脏功能。

为了预防镉中毒，熔炼、使用镉及其化合物的场所，应具有良好的通风和密闭装置。焊接和电镀工艺除应有必要的排风设备外，操作时应戴个人防毒面具。不应在生产场所进食和吸烟。中国规定的生产场所氧化镉最高允许浓度为0.1毫克/立方米。

镉污染土壤，可造成痛痛病。镉对土壤的污染，主要通过两种形式：一是工业废气中的镉随风向四周扩散，经自然沉降，蓄积于工厂周围土壤中；另一种方式是含镉工业废水灌溉农田，使土壤受到镉的污染。因此为了防止镉对环境的污染，必须做好环境保护工作，严格执行镉的环境卫生标准。

小贴士

镉大米

镉大米一般指镉含量超标的大米。镉通常通过废水排入环境中，再通过灌溉进入食物，水稻是典型的“受害作物”。

人长期食用含镉的食物会引起痛痛病（骨癌病）。病症表现为腰、手、脚等关节疼痛。病症持续几年后，患者全身各部位会发生神经痛、骨痛现象，行动困难，甚至呼吸都会带来难以忍受的痛苦。到了患病后期，患者骨骼软化、萎缩，四肢弯曲，脊柱变形，骨质松脆，就连咳嗽都能引起骨折。患者不能进食，疼痛无比。

镉大米

2013 年 5 月，中国广东发现大量湖南产的含镉毒大米，一度引起轰动。在广西阳朔县兴坪镇思的村，曾流行一种叫做“软脚病”的怪病，医生也束手无策。除了人之外，该村还有“鸡下软蛋，初生小牛软骨”等奇异症状。经过调查，媒体和专家都认为，镉污染的水稻，是所谓“软脚病”的根源。WHO 对镉的安全标准就是基于对肾脏的毒性建立的，上限是每周每千克体重 7 微克。

阴差阳错的发现

1817 年，德国哥廷根大学化学和医药学教授斯特罗迈尔在视察药品时，发现有些药商用碳酸锌代替氧化锌配药，教授的助手将该样品溶解，然后通入硫化氢气体，结果析出了神秘的鲜黄色沉淀，他怀疑药厂的碳酸锌产品中含有剧毒物质硫化砷。药厂老板因产品全被没收充公而向教授求救，于是教授用盐酸来处理这种黄色沉淀，结果发现沉淀溶解了，而硫化砷是不会溶于盐酸的，教授随即对沉淀进行处理，他将沉淀焙烧成氧化物，得到了一种褐色粉末，又将这种氧化物与烟炱混合，并放在曲颈瓶中加热，最后得到了一种从未见过的蓝灰色粉末。经过周密的实验，教授确认这是一种新元素，便将它命名为镉。

参 考 文 献

[1] 袁珊珊．中国镉矿的区域分布及土壤镉污染风险分析 [J]. 环境污染与防治，2012，34(6)：51~56.

[2] 急性镉中毒．搜狐网．2014–10–14．http://health.sohu.com/20141004/n404853056.shtml.

日本的科学家在研究中发现，液晶显示器中含有一种叫做铟的元素，被人体吸入后会造成肺炎甚至肺癌。在针对液晶显示器工厂工人的一项调查中，2/3的工人肺部都出现了异常状况，这种情况就叫做铟中毒。吸入铟产生的职业病原本很少见，但随着大量的液晶屏幕生产厂家落户中国，这种现象必须引起我们的重视。由此来看，铟是个“带毒炸弹”，威力不可轻视，我们应当注意避免接触皮肤和食入。

铟的真面目

铟是一种具有银白色光泽的易熔金属，柔软、用指甲就能划痕。它的熔点低，而沸点却很高，具有良好的可塑性和延展性，几乎可以任意变形，弯曲时像锡一样发出尖锐的响声。液态铟能浸润玻璃，并且会黏附在接触过的表面上留下黑色的痕迹。

金属铟

铟有微弱的放射性，因此，在使用中尽可能避免直接接触。从常温到熔点之间，铟与空气中的氧作用缓慢。大块金属铟不与沸水和碱溶液反应，但粉末状的铟可与水缓慢作用，生成氢氧化铟。铟与冷的稀酸作用缓慢，易溶于浓热的无机酸和乙酸、草酸。

“毒铟小王子”从哪儿来？

铟在地壳中的分布量比较小，又很分散。它的富矿还没有发现过，只是在锌和其他一些金属矿中作为杂质存在，因此它被列入稀有金属。

已知铟矿物有硫铟铜矿（$CuInS_2$）、硫铟铁矿（$FeInS_4$）和水铟矿等。铟主要呈类质同象存在于铁闪锌矿、赤铁矿、方铅矿以及其他多金属硫化物矿石中。此外，锡石、黑钨矿、普通角闪石中也含铟。工业上，铟的主要来源为闪锌矿（含铟 0.01%~0.1%），在铅锌矿冶炼过程中作为副产品回收，锡冶炼也回收铟。

铟属于稀散金属，是稀缺资源。全球预估铟储量仅 5 万吨，其中可开采的占50%。由于未发现独立铟矿，工业通过提纯废锌、废锡的方法生产金属铟，回收率约为 50%~60%，这样，真正能得到的铟只有 1.5 万~1.6 万吨[1]。

铟矿物

铟就在我们周围

小小铟元素虽有毒性，但却十分重要，在某些领域被广泛应用。

铟的主要氧化态为 +1 和 +3 价，主要化合物有氧化铟（In_2O_3）、氢氧化铟（$In(OH)_3$）、三氯化铟（$InCl_3$），与卤素化合时，能分别形成一卤化物和三卤化物。

铟及其化合物已经被广泛地应用于各种合金的制造、半导体材料的合成、红外线检测器和震荡器的制造以及临床医学中的肿瘤放射治疗和放射性核素显影等行业。

铟的威力有多大？

铟有一定的毒性，且毒性大于有毒元素中我们最熟的铅元素，毒性可能慢性、可能急性。但也不必过度恐慌，还是有措施可以预防中毒的。虽然一说有毒，铟可能就变成“路边小老鼠”人人喊打，但是还是要肯定它对我们医学等领域所作出的重要贡献。

铟的毒性及作用

1. 急性毒性

铟的化合物不同，其表现出的急性毒性也不同，如胶体状铟和羟化铟的急性毒性较离子态铟高 40 倍。铟的染毒途径不同，其表现出的急性毒性也不同，如小鼠皮下注射枸橼酸铟的致死量为 0.6 毫克 / 千克，在几天内先发生后腿麻痹、惊厥，继而窒息死亡，而静脉注射毒性为皮下毒性的 4 倍。

有报道铟盐对动物的肝脏、肾脏和心肌都有毒性作用。急性铟盐中毒动物的肝脏出现明显充血、出血及灶性坏死；肾可出现表面出血及肾小管变性和坏死；心肌可出现肌纤维变性、横纹肌轻度退行性变。

2. 慢性毒性

慢性铟盐中毒可对肾脏有毒性作用，出现肾小管坏死。铟盐对肝、脾、肾上腺及心脏都有慢性危害，出现慢性炎症性改变。

3. 生殖毒性

铟具有胚胎毒性，可导致胚胎体大小异常、短肢畸形、颈部弯曲、鸡胚出血、内脏外翻和眼小畸形[2]。

4. 医学上的作用

医学上，肝、脾、骨髓扫描用铟胶体。脑、肾扫描用铟 -DTPA。肺扫描用铟 -$Fe(OH)_3$ 颗粒。胎盘扫描用铟 -Fe- 抗坏血酸。肝血池扫描用铟输送铁蛋白。

防治措施

长期在一线工作接触铟的人，就必须防止细小的铟尘进入肺部。

小贴士

铊被发现和取得后，德国弗赖贝格矿业学院物理学教授赖希由于对铊的一些性质感兴趣，希望得到足够的金属进行实验研究。他 1863 年开始在夫赖堡希曼尔斯夫斯特出产的锌矿中寻找这种金属。这种矿石所含主要成分是含砷的黄铁矿、闪锌矿、辉铅矿、硅土、锰、铜和少量的锡、镉等。赖希认为其中还可能含有铊。虽然实验花费了很多时间，他却没有获得期望的元素。但是他得到了一种不知成分的草黄色沉淀物。他认为是一种新元素的硫化物。

只有利用光谱进行分析来证明这一假设。可是赖希是色盲，只得请求他的助手李希特进行光谱分析实验。李希特第一次实验就成功了，他在分光镜中发现一条靛蓝色的明线，位置和铯的两条蓝色明亮线不相吻合，就从希腊文中“indikon”（靛蓝）一词命名它为 indium（In，铟）。两位科学家共同署名发现铟的报告。分离出金属铟的实验也是他们两人共同完成的。他们首先分离出铟的氯化物和氢氧化物，利用吹管在木炭上还原成金属铟，于 1867 年 4 月在法国科学院展出。

参考文献

[1] 三校合编. 无机化学 [M]. 北京：科学出版社，2007.

[2] 王伟，李庆辉. 铟及其化合物的毒性研究 [J]. 工业卫生与职业病，2000，26(5):309~341.

钬（Ho）
原子序数 67

下面我们将介绍一种非常柔软的金属——钬，它作为“稀土复合肥料”和“稀土饲料添加剂”的组分之一，已经在我们的生活中应用广泛。1879 年，瑞典化学家克利夫借助光谱分析法第一次解开了钬神秘的面纱。其常见化合物主要有氧化钬、硝酸钬和氯化钬等。钬属于镧系元素中的重稀土类。国内外对其生物学效应研究起步较晚，但随着钬的应用越来越广泛，对其毒理学研究也显得更加重要[1]。

金属钬

什么是钬？

钬有金属光泽，质软，有延展性和顺磁性，温度下降时变成反铁磁性。密度为 8.795 克 / 厘米^3，熔点为 1474℃，沸点为 2695℃。盐类呈黄色，氧化钬为淡绿色。钬主要氧化价态为 +3 价。室温时在干燥空气中稳定，在潮湿空气中容易被氧化。跟水缓慢反应，溶于稀酸。

钬的发现

原生钬主要存在于独居石和硅铍钇矿中，用金属钙还原氟化钬制得。1842 年莫桑德尔从钇土中分离出铒土和铽土后，不少化学家利用光谱分析鉴定，确定它们不是纯净的一种元素的氧化物，这就鼓励了化学家们继续去分离它们。在从氧化铒分离出氧化镱和氧化钪以后，1879 年克利夫又分离出两个新元素的氧化物。其中一个被命名为 holmium，以纪念克利夫的出生地——瑞典首都斯德哥尔摩（其古代的拉丁名称为 Holmia），元素符号 Ho。其后 1886 年布瓦博德朗又从钬中分离出了另一元素，但钬的名称被保留了。

生活中的钬

掺钬的光纤可以制作光纤激光器、光纤放大器、光纤传感器等光通信器件，在光纤通信迅猛发展的今天将发挥更重要的作用。

氧化钬

氧化钬（Ho_2O_3），可用作苏联钻和玻璃的黄、红着色剂，可用作光谱仪校准用标准。如其他稀土元素一样，氧化钬也用作特种催化剂、磷光体和激光材料。钬激光可用于医学、光学雷达、风速测量和大气监测。氧化钬不是太危险，但反复过量接触会引起肉芽肿瘤和血红蛋白血症。氧化钬具有低口服毒性、皮肤毒性和吸入毒性，无刺激性。

与我们密切相关的钬

在医学上的应用

钬激光碎石技术：医用钬激光碎石适用于体外冲击波碎石法无法碎解的、坚硬的肾结石、输尿管结石和膀胱结石。医用钬激光碎石时，医用钬激光的纤细光纤借助膀胱镜和输尿管软镜通过尿道、输尿管直抵膀胱结石、输尿管结石和肾结石部位，然后由泌尿外科专家操纵钬激光将结石击碎。这种治疗方法的优点是可以解决输尿管结石、膀胱结石和绝大部分的肾结石。其缺点是对于部分肾上盏和肾下盏的结石，由于从输尿管进入的钬激光光纤无法抵达结石部位，会有少量结石残留。

毒理学研究

(1) 细胞毒性。硝酸钬的毒性在细胞和亚细胞水平上很容易被检测。有研究表明，当用浓度高于 4 毫克 / 升硝酸钬处理蚕豆根尖时，能引起根尖质地变硬、颜色变黑、生长减慢、细胞分裂指数下降等现象，而且随着剂量的增加或染毒时间的延长，根尖细胞受损伤的程度呈加重趋势。在动物的体内试验中也出现了类似的结果，另外，在显微镜下还可观察到淋巴细胞核凝缩、深染、碎裂、染色质边集、外突、内陷等异常现象，而且伴随着剂量的增加核异常的程度和比例呈现上升趋势。所有这些表明，硝酸钬对细胞具有一定的毒性作用。

(2) 遗传毒性诱发染色体畸变。屈艾等人利用微核技术对经过硝酸钬处理的蚕豆根尖细胞进行研究表明，随着硝酸钬浓度的递增，微核率、染色体畸变率逐步上升并具有明显的剂量一效应关系，显示了钬具有一定的遗传毒性。对小鼠的研究也得到了类似的结果，硝酸钬对染色体在一定程度上造成了损伤。可见，钬及其化合物在染色体水平上确实可以诱发畸变，起到了染色体毒剂的作用。

(3) 诱导细胞 DNA 损伤。钬离子具有诱导蚕豆根尖细胞 DNA 断裂作用，对 DNA 确有明显的毒性作用，并且损伤程度的高低与处理剂量、时间相关。

(4) 生物毒性。动物的实验发现，在一定剂量作用下硝酸钬具有提高超氧化物歧化酶 (SOD)、过氧化物酶 (POD)、过氧化氢酶 (CAT) 的活性，可以清除多余的超氧阴离子自由基 (OF) 及抑制脂质过氧化。低剂量的钬可以减少自由基对生物大分子和细胞的氧化损伤，但高剂量的钬却使抗氧化酶活性下降，从而使自由基在机体内积累，破坏了细胞结构和功能，导致突变发生，说明钬在高剂量下又具有一定的致突变作用[1]。

小贴士

钬作为稀土复合肥料的组分之一，广泛施用于粮食、水果、蔬菜、烟草等30多种作物上，具有明显的增产效果，对大部分农产品还有改善品质的效果。钬作为稀土饲料添加剂的组分之一，已经应用在畜、禽和水产养殖等方面，有提高肉、蛋、奶的产量和质量，增强畜、禽以及水产品的抗病能力等良好效果。此外，钬还在稀土农药、稀土耐旱剂、保鲜剂、高效稀土复合剂、稀土种子包衣剂等方面有着广泛用途[1]。

参考文献

[1] 仇敬运，屈艾，胡文静，等. 稀土元素钬的应用及毒理学研究进展 [J]. 环境与职业医学，2008，25(2)：207~208.

钨（W）
原子序数 74

钨最著名的莫过于在白炽灯中的应用了。但是钨对人体的作用在几百年来一直饱受争议。钨矿粉尘危害曾十分严重，已明确致病因素是石英粉尘，也与钨有关。但钨也能够延长寿命、治愈许多疾病。因此，钨对人体健康的双向影响研究前景广阔引人注目。

钨的基本性质

钨呈钢灰色或银白色，硬度高，熔点高，常温下不受空气侵蚀；经过冶炼后的钨是银白色有光泽的金属，熔点极高，硬度很大，蒸气压很低，蒸发速度也较小。

金属钨

钨的化学性质很稳定，常温时不跟空气和水反应，不加热时，任何浓度的盐酸、硫酸、硝酸、氢氟酸以及王水对钨都不起作用，当温度升至 80~100℃时，上述各种酸中，除氢氟酸外，都对钨发生微弱作用。常温下，钨可以迅速溶解于氢氟酸和浓硝酸的混合酸中，但在碱溶液中不起作用。

钨的来源

世界约有 30 多个国家和地区拥有钨资源，但分布极不均匀。世界上主要的钨矿床大多环绕太平洋分布，另一个重要分布区是地中海及欧洲濒大西洋地区。

钨在地壳中的自然储量为 620 万吨，中国钨资源储量为 520 万吨。中国一直是世界上钨矿储量最大的国家，产量及出口量均居世界第一。湖南、江西、河南三省的钨资源储量居全国的前三位，其中湖南、江西两省的钨资源储量占全国的 55.48%。湖南以白钨为主，江西以黑钨为主，其黑钨资源占全国黑钨资源总量的 42.40%。

钨矿石

钨的化合物

钨用于金属钨、钨酸及钨酸盐的制造以及染料、颜料、油墨、电镀等方面，也用作催化剂等。

钨酸（H_2WO_4），在纺织工业中是媒染剂与染料和在化学工业中用作制取高辛烷汽油的催化剂。

二硫化钨（WO_2），在有机合成中，如在合成汽油的制取中用作固体的润滑剂和催化剂。处理钨矿石的时候可得到三氧化钨（WO_3），再用氢还原三氧化钨制得钨粉，广泛用于钨材及钨冶金材原料。

白炽灯泡

钨与人体关系

大多数进入体内的钨都能在短时间内经过消化系统和排泄系统排出体外，少量进入血液中的钨可能会在骨骼、指甲或头发中停留一段时间后排出体外。

钨的毒性及作用

1. 钨中毒临床表现

钨的化合物，如碳化钨粉尘、钨酸钠、氧化钨、碳化钨等，长时间过量接触可能会刺激皮肤、眼睛，使皮肤、眼睛发炎红肿，引发诸如哮喘等呼吸道疾病，导致胃肠道功能紊乱等。此外，英国埃克塞特大学的研究人员发现，尿液中钨含量高的人与高中风率之间存在关联，并且这一现象在女性和 50 岁以下的群体当中显现得尤为明显。

2. 钨的医学作用

迄今钨尚不是人体必需微量金属元素；但钨以钨酸钠形式施于人体，可以治愈多种疾病，并在总体上改善人体的健康，能够显著延缓衰老现象确属事实。

钨酸钠疗法是将钨以 2%Na_2WO_4 水溶液的形式施用于人体。根据需要可作为含漱剂、眼药水、皮肤涂料（膏剂）、喷雾吸入、口服和皮下注射等多种用法，后 3 种用法的用量为每日 25 毫升。500 例病人观察证明，对白内障、胃、十二指肠溃疡、口臭疗效明显；对心绞痛、气喘病、早期近视、烧伤、癌症、糖尿病、痛风、痔疮、脱发、风湿痛、高血压、肥胖症、汞硒中毒、偏头痛等亦有良效。对青光眼、视网膜剥离症和循环系统疾病无效[1]。

防治措施

主要为对症治疗。应用糖皮质激素有减轻呼吸系统病变作用。

小贴士

我国古代很讲究使用钢刀，但是过去只有少数工匠知道制造优质钢刀的秘密，而且他们的手艺绝不外传，仅仅传授给自己的儿孙。经过了无数的岁月，这种制造好钢刀的秘密才被发现。其中秘密之一，就是钢刀内含有稀有金属钨。

1781 年有人在研究一种名叫“白钨”的矿物时，发现一种新元素，当时还误认为是一种锡矿物，后用酸类分解这种矿物时，才确定是一种钨元素。钨在被发现一百年之后，才获得工业上的广泛应用。

19 世纪 50 年代里，发现了钨对钢的性质有良好影响，但钨钢的广泛生产却是 19 世纪末和 20 世纪初的事情。1900 年第一次在世界博览会上展出新发明的高速钢。以后，钨工业才得到迅速的发展。

1865 年在俄国皮尔米的莫托维利赫工厂头一次炼出钨钢来，发现用钨钢制成的钻炮孔刀具质量极佳。从此冶金学家们便努力研究用钨钢来制作工具，后来创造出了极好的高速钨车刀。由于钨车刀的出现，在不到 50 年的时间内，就使金属切削速度增加了 200 倍，每分钟从 10 米增加至 2000 米以上，可以说是机器制造业中的一次革命。

但高速钨车刀现在已不算最锋利的了。以碳化钨为主要成分的硬质合金，像金刚石一样坚硬，用硬质合金做成车刀，又使得切削速度创造了更快的纪录。

现在钨产量的 90% 都用于制钢。一切高速钢和几乎全部的极硬钢都是用钨制造的。其次用于制造合金及电气工业。另外，各个工业技术部门还应用钨的一些化合物。

钨的熔点为 3400℃。在这种温度下几乎绝大部分金属都已成为蒸气，很少有金属能保持液体状态。使钨熔化所需要温度，等于太阳表面温度的一半。

钨不仅有很高的强度，还具有罕见的可塑性：质量为 1 千克的钨锭可以抽成 400 千米长的细丝。电灯泡内的钨丝，是人们最熟悉的。我国自古以来都以产钨著称，随着我国的发展，钨工业必将有一个新的跃进。

参考文献

[1] 贾如宝. 钨 (W) 对人体健康的双向影响 [J]. 金属世界，1995(4):27.

金属锇用于制造耐磨和耐腐蚀的硬质合金以及合成氨和加氢反应中的催化剂等。铱锇合金用于制笔尖以及钟、表和仪器中的轴承。它还是一位“剧毒重量级嘉宾”，而武器便是它的蒸气，与人“交战”时会强烈地刺激人的眼部黏膜，严重时会造成双眼失明，功力深厚。

什么是锇?

锇是已知金属单质中密度最大的，达 22.6 克 / 厘米^3，灰蓝色金属，质硬而脆，锇粉呈蓝黑色，且锇金属粉末可自燃。锇的蒸气有剧毒。

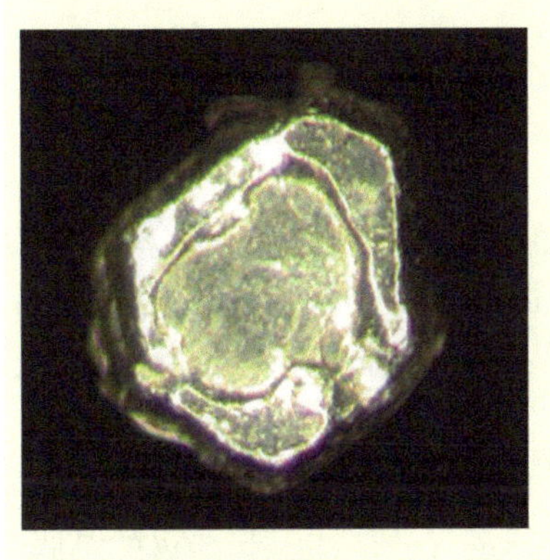
金属锇

金属锇在空气中十分稳定，粉末状的锇易氧化。浓硝酸、浓硫酸、次氯酸钠溶液都可以使其氧化。在室温下易与氧气反应生成二氧化锇（OsO_2），加热可生成易挥发且有剧毒的四氧化锇（OsO_4）。

锇在工业中可以用做催化剂。如果在铂里掺进一点锇，就可做成坚硬且锋利的锇铂合金手术刀。利用锇与一定量的铱可制成锇铱合金，比如铱金笔的笔尖上那颗银白色的小圆点即锇铱合金，锇铱合金坚硬耐磨，可以做钟表和重要仪器的轴承，使用年限很长。

怎样寻找锇?

锇是地壳中最稀有的稳定元素，在地壳里的平均质量比例只有千亿分之五。锇在自然中以纯金属或合金的形态出现，尤其是各种比例的铱锇合金。镍和铜矿中还含有锇和铱的硫化物、碲化物、锑化物和砷化物。与其他铂系元素一样，锇可以形成自然镍合金及铜合金。

地壳中 3 种地质结构的锇含量最高：火成岩、撞击坑以及前二者演化而成的地质结构。最大的已知矿藏有南非的布什维尔德火成杂岩体、俄罗斯的诺里尔斯克及加拿大的索德柏立盆地等。美国有较小的锇矿藏。前哥伦布时期哥伦比亚乔科省居民所用的冲积层矿藏至今仍是铂系元素的一大来源。第二大的冲积层矿藏位于俄罗斯乌拉尔山脉，存在于锇铱矿中。

生活中的锇

锇可用于制造各种耐磨和耐腐蚀的硬质合金；锇蒸发到灯丝上可使阴极发射电子的能力增大；可作合成氨、氢化等反应的催化剂。

四氧化锇（OsO_4），可用于指纹识别以及在光学和电子显微镜照相中对脂组织进行染色。四氧化锇的氧化性很强，所以能与未饱和碳—碳键反应，从而连接油脂。因此在染色的同时，它还会固定生物膜。

铁氰化锇（OsFeCN），有染色兼固定的性质。

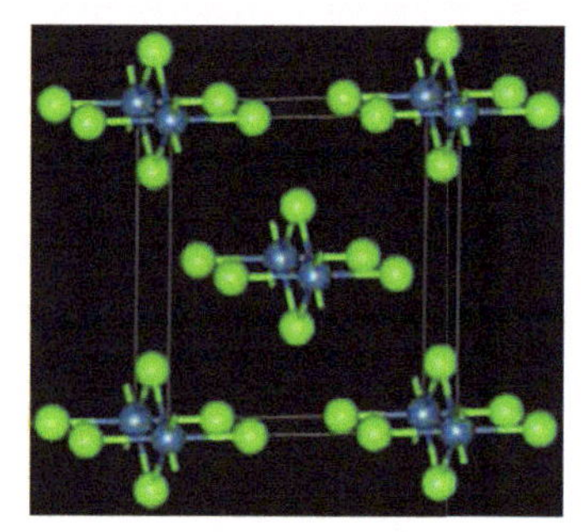

四氧化锇原子图

锇的毒性

锇中毒

四氧化锇的挥发性很高，能轻易穿透皮肤，且经吸入、进食和皮肤接触后都是毒物。如果空气中含有低浓度四氧化锇，会造成肺淤血及皮肤和眼部损害，因此四氧化锇必须在通风柜内处理。粟米油等含多元不饱和脂肪的植物油可迅速将四氧化锇还原成相对惰性的化合物。

锇酸有强烈刺激性，皮肤接触后被染成黑色，有时可发生鳞屑性湿疹；如因擦伤或从皮肤破损进入，则可致局部坏疽。接触其蒸气后往往引起严重的结膜炎，伴有眼睑痉挛，视灯光时呈现光轮，前额部头痛和眼眶痛。并因刺激鼻和副鼻窦黏膜、咽喉和支气管，可引起嗅觉失灵、鼻炎、鼻窦炎、咽喉炎、支气管和肺炎。国外曾有死于肺炎的病例报告。锇酸吸收后可引起肾炎和血尿。

治疗

中毒后要脱离接触和对症治疗。5% 碳酸氢钠溶液雾化吸入有助于减轻呼吸道刺激症状。可使用二巯基丙磺酸钠等巯基解毒剂。

防治措施

呼吸系统防护：作业工人应该佩戴防毒口罩。必要时佩戴防毒面具。

眼睛防护：戴化学安全防护眼镜。

身体防护：穿相应的防护服。

手防护：戴防化学品手套。

其他：工作现场禁止吸烟、进食和饮水。工作后，淋浴更衣。单独存放被毒物污染的衣服，洗后再用。保持良好的卫生习惯。

小贴士

锇的发现

1803 年，法国化学家科勒德士戈蒂等人研究了铂系矿石溶于王水后的渣子。他们宣布残渣中有两种不同于铂的新金属存在，它们不溶于王水。1804 年，泰纳尔发现并命名了它们。其中一个曾被命名为 ptenium，后来改为 osmium（锇），元素符号定为 Os。Ptenium 来自希腊文中“易挥发”，osmium 来自希腊文 osme，原意是“臭味”，这是因为四氧化锇 OsO_4 的熔点只有 41℃，易挥发，气体有刺激性气味。

汞（Hg）
原子序数 80

汞（俗称水银）作为有毒重金属中的老大，其毒性位居榜首。但从许多考古发现中可知，尸体的防腐与汞有莫大的关系。研究表明，过多的元素态汞蒸气和无机汞化合物被人体摄入后，会对神经中枢系统发起攻击，而有机汞通过食物链富集放大后其生物毒性更是杀伤力倍增，不仅会造成神经系统的严重缺陷，还表现出强烈的致畸、致癌和致突变作用[1]。

什么是汞?

汞是一种密度大、呈银白色、常温常压下唯一以液态存在的金属，常用来制作温度计。汞溶于硝酸和热浓硫酸，分别生成硝酸汞和硫酸汞，汞过量则出现亚汞盐。汞能溶解许多金属，形成合金，合金叫做汞齐。与银类似，汞也可以与空气中的硫化氢反应。汞具有恒定的体积膨胀系数，其金属活泼性低于锌和镉，且不能从酸溶液中置换出氢。

金属汞

汞从哪来?

汞是地壳中含量相当稀少的一种元素，只有 $8\times10^{-6}\%$。因为汞的化学性质不易与地壳主量元素成矿，所以考虑到汞在普通岩石中的含量，汞矿中的汞是极为富集的。品位最高的汞矿有 2.5% 的汞，即使品位最低的也有 0.1%，是地壳中含量的 12000 倍。汞罕见于金属单质，常见于朱砂、氯硫汞矿、硫汞锑矿和其他矿物，其中以朱砂最为常见。汞矿一般形成于非常新的造山带，这里高密度的岩石被推至地壳。汞矿常见于温泉和其他火山地区。

汞矿物

生活中的汞

汞在我们的生活中非常常见，我们所使用的温度计就很好地利用了汞热胀冷缩的性质。

汞的无机化合物主要有：氯化高汞（又名升汞）、雷汞、硝酸汞、砷酸汞、氰化汞等。汞及其无机化合物主要见于汞矿开采、冶炼、仪器制造、化工、染料、颜料、医药、军火、汞合金等领域。由于汞的用途广，接触人员多，极易发生汞中毒。

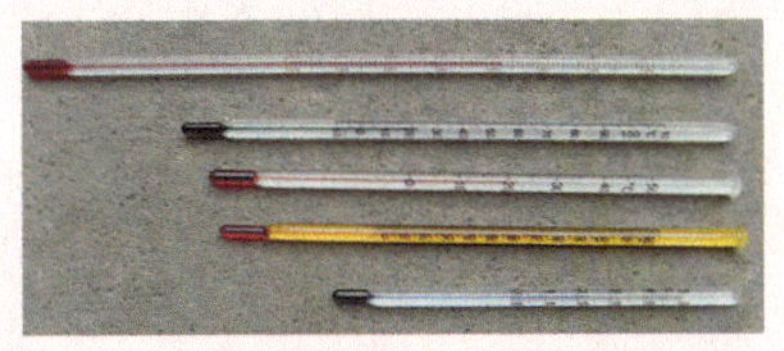
水银温度计

与我们密切相关的汞

汞在人体中的分布

汞及其化合物可通过呼吸道、消化道和皮肤吸收。以呼吸道吸入为主要途径。无机汞在肠道吸收10%，但有机汞可吸收90%，汞蒸气吸入后，迅速弥散到身体的各个器官和组织，并可通过血脑屏障进入脑组织，以后逐渐转移到肾脏，肾内蓄积量最高，可高达体内总汞量的70%~80%。尿汞排出量约占70%，经消化道排出约20%，经唾液和乳腺也可排出少量。

急性汞中毒

原因：急性汞中毒是由于在短时间吸入大量汞蒸气或误服汞的化合物而引起的。

临床表现：消化系统、泌尿系统和神经系统症状。如有明显的口腔炎、恶心、呕吐、乏力、腹痛、腹泻、嗜睡或兴奋（重者可昏迷）、多发性神经炎、运动失调、麻痹、肢体震颤，有的病人出现汞毒性皮炎、肾脏损害等。吸入大量的汞蒸气还可引起化学性肺炎。

慢性汞中毒

原因：慢性汞中毒是由于长期接触较低浓度的汞造成的。

临床表现：临床主要客观依据是不同程度的“三颤”，汞中毒分为轻度、中度和重度三级。轻度中毒表现为神经衰弱综合征、口腔炎以及手指、舌、眼睑轻微震颤，尿汞往往超过正常值。中度中毒除上述症状外，尚有易兴奋症，明显的手指震颤，尿汞可增高。重度中毒表现为除上述症状外，有明显的神经精神症状，手、足及全身有粗大的

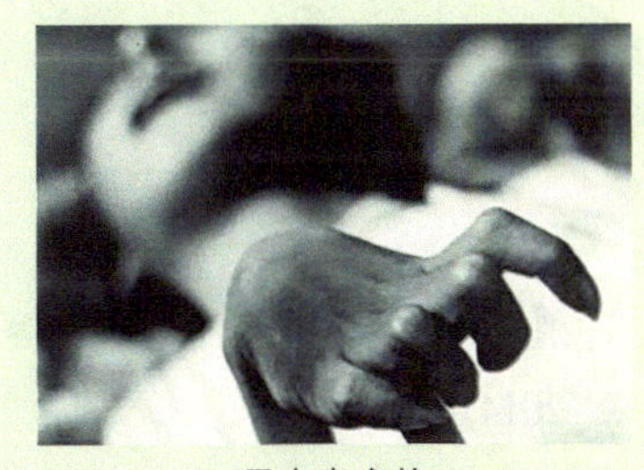
汞中毒症状

震颤，并有共济运动失调等中毒性脑病表现。

防治措施

为了防止汞对作业工人和环境造成危害，必须加强自身职业卫生防护意识，改善作业环境，力求生产密闭化、自动化。加强车间通风，控制汞作业温度。工作台、地面和墙壁应光滑，便于清除汞污染。定期进行职业卫生监测和健康体检。汞中毒的治疗除药物驱汞外，对症治疗也很重要，尤其要保护神经系统、心、肝、肾。经口中毒者应立即用鸡蛋清、牛奶或豆浆等灌胃，以保护胃黏膜，减缓汞吸收，忌用生理盐水，尤其是升汞中毒时，因能增加汞溶解度，增加汞吸收，故应予以注意[2]。

小贴士

汞 污 染

汞污染主要来自工业生产中排出的含汞废水，其中氯碱工业占首位，其次来自电子废弃物、农药、机械、炸药等。除此之外，汞剂在农业上被用作杀虫剂、杀菌剂、防霉剂和选种剂，也可引起环境汞污染。环境中任何形式的汞均可在一定条件下转化为有剧毒的甲基汞，而无机汞和有机汞均能在生物体内富集，通过生物富集和食物链大大提高汞的危害性。

温度计摔碎了如何处理?

温度计摔碎后，首先应迅速将小孩和宠物带离房间，注意不要踩在水银上；不要用吸尘器、扫帚或抹布清理水银；与水银有接触的衣服、鞋等留在泄露的房间内。然后，在保持房间通风的情况下清理水银；如果家里有塑料或者橡胶手套，戴上手套收集，不要使用其他手套；如果房间能调节温度，尽量降低房间温度。如果水银颗粒大，用硬纸片轻轻刮到一个瓶子里，如果颗粒小用胶带或面团粘住放进瓶子并水封，避免挥发。注意，水银泄露房间保持良好的通风。此外，普通温度计所含的水银量对我们危害不大，不用紧张。

参 考 文 献

[1] 魏艳红，郭建强，陈志明，等. 环境汞污染对人体健康的影响及预防措施 [J]. 大众科技，2014(3):59~61.

[2] 吉彦华，牛魁尧，程向东 . 浅谈汞与人体健康 [J]. 职业与健康，1999,(5):33~34.

铊，作为一个上过新闻的金属元素，对人体的毒性因一系列中毒事件的出现而广受重视，难免背负上了一个不太好的名声，铊中毒临床表现的典型特征为胃肠炎、多发性神经病及脱发三联症。铊是人体非必须微量元素，可通过饮水、食物、呼吸而进入人体并富集起来。铊在自然界各种介质中，通过生物链长期循环，对人类及各种生物具有极大的危害性。

铊的基本性质

铊是一种蓝白色重质金属，质软无弹性，易熔融。174℃开始挥发，保存在水中或石蜡中较空气中稳定，不溶于水。

铊的新鲜断面有金属光泽，遇到空气会迅速氧化变暗，表面为一氧化铊薄膜所覆盖。在潮湿空气条件下，铊会被缓慢腐蚀。

铊的来源

铊在地壳中并不属于稀有金属，主要存在于黏土、土壤和花岗岩中的钾基矿物内。铜、铅、锡等重金属硫化矿中含有微量的铊元素，这才是铊最大的实际来源。

含有铊的矿物包括硒铊银铜矿、硫砷铊铅矿以及红铊矿等。黄铁矿中也含有微量的铊，铊是黄铁矿加工生产硫酸过程中的一种副产品。

铊也可以从铅和锡矿的冶炼过程中取得。海床上所发现的锰结核含有铊，但如此的开采成本高昂，不切实际。位于马其顿南部的阿尔沙尔矿场是历史上唯一一处开采铊的矿场。矿藏是几种稀有铊矿物的来源，如红铊矿，估计总的铊含量仍有 500 吨[1]。

铊矿石

铊的化合物

铊合金制品

在工业中铊合金用途非常广泛，铊具有提高合金强度、改善合金硬度、增强合金抗腐蚀性能等多种特性。铊铅合金多用于生产特种保险丝和高温锡焊的焊料。

硫化亚铊（Tl_2S），能应用于光敏电阻。

硒化铊（Tl_2Se_3），被用于辐射热测量计中，以探测红外线。

铊盐（如硝酸铊（$TlNO_3$）和乙酸铊（CH_3COOTl）），可以为芳香烃、酮类、烯烃等的转化反应作试剂。可溶铊盐加入镀金液中，可以加快镀金速度和降低镀金层的粒度。

碘化铊（TlI），可以添加在金属卤化物灯中，优化灯的温度和颜色。它可以使灯光靠近绿色，这对水底照明非常有用。

铊与人体关系

铊的吸收与排泄

铊可经胃肠道和呼吸道迅速吸收，也可经皮肤吸收。铊对组织器官的亲和力由大到小依次是肾、睾丸、肝、前列腺、毛发。铊还可进入动物的脑组织中。

铊可通过消化道（主要由非胆道）、肾脏、头发、皮肤、汗液和乳汁排泄。另外，铊也可经唾液分泌。人的排泄率比动物低很多，但人体肾脏排泄的作用要比动物重要很多。人体在日常排泄水平下，铊经肾脏排泄占 73%，经消化道排泄仅占 3%~7%，经皮肤和汗液排泄占 3.7%。

铊对人体器官的影响

(1) 铊对肠胃道的影响。经口中毒后 1~16 天死亡的患者呈现肠充血、淤血、胃和上段肠管的黏膜点状出血以及黏膜细胞肿胀。

(2) 铊对肾脏的影响。至少在中毒后 6 周，尿中含铊 13.8 毫克 / 升的患者，肾脏活检显示弥漫性增生性肾小球肾炎。人体标本中，肾切面呈暗红色或淤血，显示明显的充血，肾小管浊肿和肾小球变性改变。

(3) 铊对心血管系统的影响。严重而持久的铊中毒患者，血压有明显的波动，但是收缩期和舒张期高血压仅短暂地发生。心动过速可在中毒后 1 周时出现并持续 5 周。同时可出现的肾功能变化和尿中代谢产物浓度变化，自主神经系统受累。

(4) 铊对皮肤和毛发的影响。铊中毒病人，可出现鼻、颊面和鼻唇沟处皮肤由角质物质形成的滤泡性充填，面部结痂性湿疹样病损和痤疮样皮疹、手掌和足底干皮脱落。不仅头皮而且有时睫毛、侧眉毛、臂和腿的毛发脱失。脱毛作用一般不会导致永久性毛发脱失。

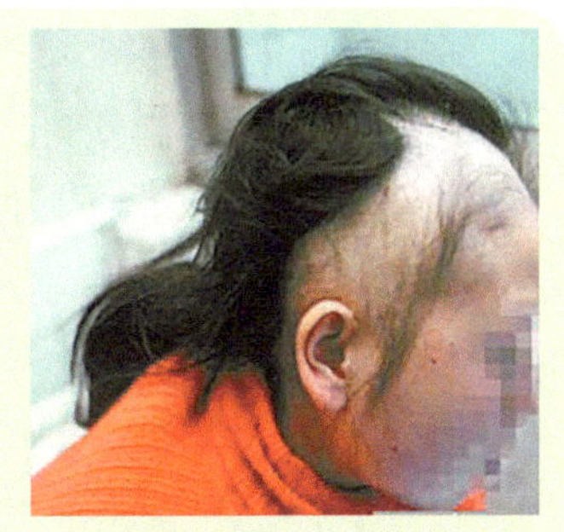
铊对皮肤和毛发的影响

(5) 铊对视力的影响。铊中毒后大约 10 个月可出现干性角膜结膜炎。

铊中毒

铊盐具有无味、无色和剧毒的特性，过去作为灭鼠剂很容易得到，现在一些发展中国家仍在使用，可导致人和动物中毒。

(1) 急性铊中毒。急性铊中毒主要见于误食、自杀、谋杀或非法流产者，也有多次小剂量使用铊盐致人慢性中毒的谋杀案例。急性铊中毒的临床表现可以在接触铊后数小时或数天内出现，症状常弥散全身。早期可出现厌食、口中有金属味道、恶心、呕吐、胸骨后和腹部疼痛、肢体病、感觉异常等，消化道出血偶尔发生，稍后常有便秘。中毒第二天开始，铊逐渐影响到中枢和周围神经系统、皮肤、肾脏、眼睛以及心血管系统和呼吸系统，腿部可出现感觉过敏和疼痛，常有“灼痛足”综合症和感觉异常。10~12 天后，常出现失眠、抑郁、幻觉、昏睡、谵妄、惊厥、昏迷甚至死亡。存活 1 周以上的可发生颅神经的运动性和感觉性神经病变，球后神经炎等，也常出现高血压、心动过速、心脏缺血改变等循环功能紊乱。中毒 2 周后常出现头发和体毛脱落，3~4 周指甲出现弧形条纹等营养不良表现。

(2) 慢性铊中毒。慢性铊中毒的症状变化很大，但比急性中毒缓和。经较长潜伏期（数周）之后，出现少数几种症状。如外周感觉障碍、精神错乱、消瘦及失眠似乎是最常见的症状。较严重的多发性神经炎，不能行走、失明及严重的恶病质。心功能失调可见高血压、心律失常及心绞痛样疼痛。可出现蛋白尿及血尿。其他还可有胃酸缺乏、食欲不振、消瘦、内分泌失调、精神病和脑炎。完全康复需几个月时间，其间可出现反复发作[2]。

防治措施

(1) 消除毒物。对于急性口服中毒患者，应立即给予催吐、洗胃、导泻等处理。洗胃可用 1% 碘化钠或碘化钾溶液，使之形成不溶性碘化铊，随后可口服活性炭 0.5 克 / 千克，以减少铊吸收。吸入中毒患者应立即移至空气新鲜处，吸氧，保持呼吸道通畅。皮肤污染者应立即用肥皂水清洗，眼部接触时用大量清水冲洗。

(2) 普鲁士蓝治疗。普鲁士蓝是一种无毒色素，铊可置换普鲁士蓝中的钾后形成不溶性物质随粪便排出，对治疗经口急慢性铊中毒有一定疗效[3]。

据报道，血液灌流能有效排除已吸收的铊。

小贴士

近年部分铊中毒事件

1997 年 5 月，北京大学 1994 级化学系两名女生因同学投毒发生铊中毒，因抢救及时，治疗后康复。

2002 年 5 月，山东章丘某美容店老板先后投毒，致 2 人铊中毒，1 人死亡。

2007 年 5 月，中国矿业大学学生常某网购了 250 克硝酸铊，用其中的 2 毫克投毒。3 名同学喝水后出现铊中毒反应并住院治疗。

2010 年 10 月，河南一家人铊中毒，1 人死亡。

2010 年，四川一对姐妹铊中毒，妹妹死亡。

2014 年，安徽临川一家六口铊中毒掉光头发[4]。

参 考 文 献

[1] 何立斌，孙伟清，肖唐付. 铊的分布、存在形式与环境危害 [J]. 矿物学报，2005，25(3)：230~236.

[2] 李相伍，文永植. 铊与人体健康 [J]. 世界元素医学，2007，14(1、2)：22~26.

[3] 沈如龙. 金属铊盐的中毒及其检验 [J]. 微量元素与健康研究，2013，30(2)：68~69.

[4] 近年部分铊中毒事件 [EB/OL]. 钱江晚报，2014-12-22 [2015-11-10].

铅（Pb）

原子序数 82

铅是人类的老朋友了，早在公元前3000年，我国殷代的墓葬中，就有铅制的酒具和武器，古埃及也有铅制的塑像。它可用于建筑、铅酸充电电池、弹头、炮弹、焊接物料、钓鱼用具、渔业用具、防辐射物料、奖杯和部分合金，可谓是大有作为。但铅是一种重金属，它和它的化合物对人体各组织均有毒性，口服2~3克可致中毒，50克可致死。

金属基本性质

金属铅

铅是一种蓝灰色或银灰色金属，具有良好的展性，可以压成铅皮，捶成铅箔，但延性很小，不能拉成铅丝。

铅在各种成分的大气、水和常用化学物质体系中是相当稳定的。常温下在干燥的空气中铅不会氧化。但铅在潮湿及含有二氧化碳的空气中，在其表面先生成氧化亚铅，再慢慢转化成碱式碳酸铅薄膜，此膜可阻止铅在大气中进一步氧化，使铅在常温下大气中长期不被腐蚀。铅易溶于稀硝酸、硼氟酸、硅氟酸和醋酸等，难溶于稀盐酸和硫酸，缓溶于沸盐酸和发烟硫酸。

铅的来源

铅在自然界中，极少数以单质状态存在，如天然的铅块；大多数以化合物形式存在于矿石中，常见的含铅矿物有方铅矿、白铅矿和硫酸铅矿等。

铅矿石

中国是世界五大产铅国之一。中国铅锌业生产布局，依据铅锌矿产地的分布和建设条件，经40多年来的发展、建设，现已形成东北、湖南、两广、滇川、西北等五大铅锌采选冶和加工配套的生产基地。

铅的化合物

铅及其化合物有毒，误服含铅的物质或吸入含铅的粉尘、烟尘和气溶胶是引起铅中毒的主要途径。

四氧化三铅（Pb_3O_4），俗称红丹，又名铅红。常温时为鲜红色粉末。与油类相调和后，涂在铁器上，可防止生锈。

一氧化铅（PbO），俗称铅黄、黄丹、密陀僧。一氧化铅在唐代由波斯传入中国，当时用作治疗痔疮的药物。也可用于制造玻璃、珐琅、釉药以及其他铅化合物[1]。

铬酸铅（$PbCrO_4$），俗称铬黄，常温时为黄色粉末，可用作黄色颜料。

硫酸铅（$PbSO_4$），难溶于水，有毒。是铅矾或硫酸铅矿的主要成分，主要用于白色油漆颜料、铅蓄电池等。

铅与人体关系

慢性铅中毒（职业性铅中毒）

原因：多发生于油漆、铅矿开采、蓄电池、冶炼、化工等工种。铅及其化合物侵入途径，主要是呼吸道，其次是消化道，完整的皮肤不能吸收。

正常人每日由饮食摄入300微克铅，其中约有10%可被吸收；由呼吸道吸入的铅约有40%可被吸收，铅吸收后进入血液，分布于软组织如肝、脾、肾、脑等，以后铅在体内重新分布，90%~95%的铅贮存于骨骼，吸收到体内的铅主要由肾排出，一小部分由粪便、唾液、汗、乳汁等排出，每日铅吸收量超过0.5毫克可发生蓄积并出现毒性。血液、软组织中铅为可转运性铅，具有生物活性，其量超过正常，但尚无中毒症状时为铅吸收，过量铅可产生毒性，骨骼内铅为贮存铅，无生物活性，血铅、软组织铅与骨骼铅处于动态平衡状态，在感染、饮酒、酸中毒等情况下，骨骼中铅转运到血液和软组织可引起中毒。

症状：神经系统主要表现为神经衰弱、多发性神经病和脑病：

神经衰弱	神经衰弱是铅中毒早期和较常见的症状之一，表现为头昏、头痛、全身无力、记忆力减退、睡眠障碍、多梦等，其中以头昏、全身无力最为明显，但一般都较轻，属功能性症状
多发性神经病	多发性神经病，可分为感觉型、运动型和混合型。感觉型的表现为肢端麻木和四肢末端呈手套袜子型感觉障碍
脑病	脑病，为最严重铅中毒。表现为头痛、恶心、呕吐、高热、烦躁、抽搐、嗜睡、精神障碍、昏迷等症状，类似癫痫发作、脑膜炎、脑水肿、精神病或局部脑损害等综合征

消化系统轻者表现为一般消化道症状，重者出现腹绞痛：

消化道症状	消化道症状包括口内金属味，食欲不振，上腹部胀闷、不适，腹隐痛和便秘，大便干结呈算盘珠状，铅绞痛发作前常有顽固性便秘作为先兆
腹绞痛	腹绞痛为突然发作，多在脐周，呈持续性痛阵发性加重，每次发作自数分钟至几小时。检查时，腹部平坦柔软，可有轻度压痛，无固定压痛点，肠鸣音减少，常伴有暂时性血压升高和眼底动脉痉挛

血液系统主要是铅干扰血红蛋白合成过程而引起其代谢产物变化，最后导致贫血，多为低色素正常红细胞型贫血。

急性铅中毒

原因：急性铅中毒多由于误服醋酸铅、碳酸铅、铬酸铅、四乙基铅及呼吸其粉尘或烟尘、蒸气以及皮肤吸收或口服其溶剂而中毒。过量接触、吸入铅化合物或含铅中药，如樟丹、黑锡丹等，以及使用含铅化妆品等也可引起中毒。

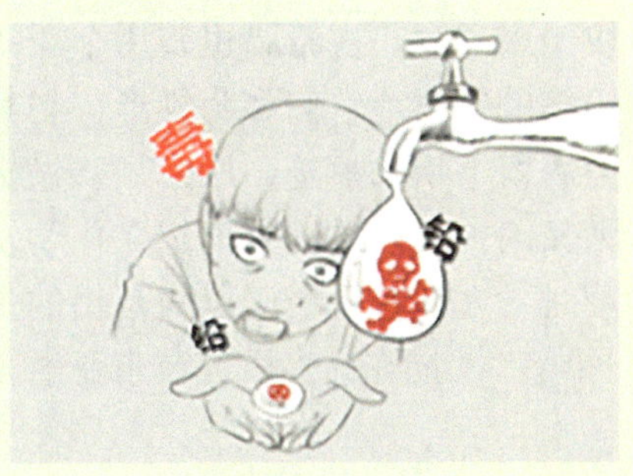

铅有毒勿口服

症状：流涎、恶心、呕吐、阵发性腹绞痛、腹泻等，中毒性脑病、铅毒性瘫痪、休克、贫血、中毒性肝病、中毒性肾病等。

治疗方法：

(1) 用1%硫酸钠或硫酸镁洗胃，使形成不溶性硫化铅；口服蛋清水、牛奶或豆浆、硫酸钠或硫酸镁导泻。

(2) 10%葡萄糖酸钙10毫升缓慢静脉注射，每天2~4次，持续2~3天。

(3) 对症处理：

1) 出现肠绞痛时除用络合剂外，可予10%葡萄糖酸钙10毫升静脉注射，每次间隔4~6小时。也可用阿托品，或针刺中腕、天枢、足三里、三阴交等穴。

2) 出现颅内压增高时，应用脱水剂。

防治措施

请专业人员检测家中的油漆是否含铅；若为含铅油漆则要监测其老化程度以评估其可能带来的危害。

较旧的住房要经常把地板和窗台洗刷以避免孩子跟含铅油漆和灰尘接触；平时常洗手；在进餐和睡觉前一定要洗手。儿童用品购买前使用铅检测笔快速检测是否含铅，避免购买含铅玩具、积木及含铅瓷砖等。

若家中装有直饮水系统，请在喝水前先把水放掉一段再饮用。放水量的多少要视居住地和直饮水系统的装置而定。

小贴士

铅笔含铅吗?

现在我们所使用的铅笔并不含铅，而是用石墨和黏土制造的，之所以这样叫，是由于其历史原因造成的。铅笔的原型可以追溯至古罗马时代。古罗马人用纸莎草纸包裹一块铅来书写。古希腊也曾用金属铅制成类似铅笔的铅棒。它们多为锥形，与其他物体磨擦后留下铅的痕迹，用来划线做标记。而后则又因古时候欧洲中世纪在化学发展仅刚启蒙时，人们将石墨误以为是铅的一种，因此“铅笔”一词在诸多语言及东亚语言中流传下来、广泛使用而未修正。

铅笔

参 考 文 献

[1] 爱德华·谢弗，吴玉贵. 唐代的外来文明 [M]. 北京：中国社会科学出版社，1995.

双面金属元素

铍作为一种新兴材料在现代社会日益被重视。铍是原子能、火箭、导弹、航空、航天以及冶金工业中不可缺少的宝贵材料。然而，铍对人体却是有害的。

原子序数 4

铍是什么?

铍是稀有轻金属，密度低，熔点较高(1283℃)。铍是所有金属中热容量最大的一种金属。铍比其他金属吸收的热量多，这一特性一直保持到熔点。

金属铍

铍是非常活泼的金属，与氧的亲和力很大，室温条件下就能与氧反应在其表面生成一薄层具有保护性质的氧化膜。当温度小于600℃时铍在干燥空气中，可长时间氧化，高于600℃氧化速度将逐渐加快。温度达800℃，短时停留时，其氧化的程度反而并不太严重[1]。

铍的化合物有较强的毒性，吸入人体后，能引起急性呼吸道损害，皮肤与可溶性铍盐接触后，能引起皮炎。

哪里寻找铍?

我国探明储量的铍矿矿区有66处，现保有储量达数十万吨，其中工业储量占9.3%，分布于14个省区且主要分布在新疆、内蒙古（主要是伴生铍矿）、四川和云南，分别占总储量的29.4%、27.8%、16.9%和15.8%。在我国，绿柱石矿物储量主要分布在新疆和四川，其次为甘肃、云南、陕西、福建(4省合计占6.9%)。湖南郴州产有丰富的金绿宝石和香花石及塔菲石等[2]。

生活中的铍

铍是一种性能较为特殊的材料，它的某些性能特别是核性能和物理性能是其他任何金属材料所不能替代的。铍的应用范围主要集中在核工业、武器系统、航空航天工业、X 射线仪表、电子信息系统、汽车行业、家用电器等领域。

硝酸铍（$Be(NO_3)_2 \cdot 3H_2O$），像其他的铍化合物一样有剧毒。小剂量摄入时它是一种刺激剂。它燃烧时产生刺激性的有毒烟雾。

氧化铍（BeO），它跟氧化铝一样都是很好的耐火材料，经过烧结的氧化铍非常的坚硬，有陶瓷的特性。氧化铍非常稳定，但如果跟氟化氢铵或硫酸一起加热就轻易被分解。

铍对人体的危害

在生产氧化铍和制造金属铍的过程中，可接触到含铍的粉尘、蒸气等；在制造和工业应用各种含铍合金时，也可吸入含铍的烟雾、粉尘等；在使用氧化铍制造耐高温陶瓷时，有可能发生铍病。

对机体的毒性

铍主要以粉尘、烟雾的形式经呼吸道进入体内，水溶性较强的铍化合物，如氟化铍、硫酸铍等可被肺间质血管或淋巴管吸收；难溶性的铍化合物，如氧化铍则为巨噬细胞所吞噬，部分随痰排出，部分进入肺间质。铍经消化道吸收量极微，随粪便排出。铍不能经完整的皮肤侵入人体，但由外伤污染的铍及其化合物，可引起局部组织病变，也可吸收至全身。

铍中毒

(1) 急性铍病：短期吸入高浓度铍（超 25~100 微克 / 米^3），可发生急性铍病。临床表现主要为急性化学性支气管炎或化学性肺炎。急性铍病经积极治疗，症状可在 1 月左右消失。肺部病变经 1~4 月可完全吸收，少数病人可转化成慢性铍病。

(2) 慢性铍病：长期接触少量铍可发生慢性铍病。从接触铍到发病，临床表现有乏力、消瘦、食欲不振，胸闷、胸痛、气短和咳嗽。晚期可出现紫绀，肺部罗音及右心衰竭的体征，如肝大、下肢水肿等。X 射线改变为网状阴影，背景上呈现弥漫的小砂粒影或结节影。

(3) 皮肤病变：包括皮炎、皮肤溃疡和皮肤肉芽肿。铍皮炎是由于接触金属铍或可溶性铍盐的粉尘或蒸气所至，属接触性或过敏性皮损，常在接触 1~2 周后发病，以夏季发生率最高。铍溃疡多发生在上肢的手、腕、前臂，周围组织增生，边缘隆起，坚硬，突出皮肤表面，中心凹陷，状如鸟眼；一般经1~6月愈合，会留有疤痕。铍皮肤肉芽肿局部肿胀，并有触痛，不易治愈，多数须手术切除。

治疗方法

急性铍病应立即脱离铍接触，消除皮肤及衣物污染，卧床休息。给予止咳、祛痰、解痉、镇静药物。可予吸氧及抗生素治疗。重症者给予肾上腺糖皮质激素治疗。

慢性铍病（观察对象）一般可不调离铍岗位，但应密切进行临床观察，一旦确诊慢性铍病，则应调离铍作业，安排轻工作，重者应住院治疗。加强支持治疗，较重病例应给以糖皮质激素治疗，强的松每天15~30毫克，3月为一疗程，病情好转后逐渐减量，至维持最强的松每天5毫克，长期服用，并注意激素副作用（肺感染、结核、气胸等）。皮炎患者应脱离铍接触，洗净皮肤，局部用2%硼酸湿敷，急性期后可用激素软膏，也可内服抗组胺药及静脉注射钙剂。皮肤溃疡应注意清创，外用激素软膏。

预防

预防措施应注重生产的自动化、密闭化和机械化作业，减少工人与铍的直接接触。铍加工时，应有通风装置，风速不得低于2.6米/秒。通风排毒系统应有净化设施，防止污染周围大气。定期监测生产场所空气中铍浓度（国家最高容许浓度为1微克/米^3）。

加强个人防护，所用防护用品，诸如口罩、工作服、鞋帽及手套等，应及时专门清洗，严禁带出厂外。工作后淋浴。生产场所不准进食、吸烟和饮水。

定期体验（每年不少于一次），项目应包括病史、体格检查、X射线胸片、肺功能等。有条件可检测尿铍及特异免疫学指标。

铍作业就业禁忌症为各种过敏性疾病，严重的心、肺、肝肾等脏器疾病和皮肤病[3]。

小贴士

1930年，德国物理学家玻特和贝克发表了他们利用钋发射的α粒子轰击铍原子的实验结果。发现被α粒子轰击后，铍原子会放出穿透力极强的射线。他们称之为“铍射线”。伊伦娜·居里和约里奥·居里首先重复玻特和贝克的实验，并做了很多其他相关实验，最后他们把这现象解释为类似于γ射线打击电子，在电子上散射的康普顿效应。

约里奥·居里夫妇

1932年1月18日，伊伦娜·居里和约里奥·居里发表了他们用α粒子轰击轻核放出“高能γ射线”的实验结果的文章。一个月后，英国卡文迪什实验室的查德威克看到了伊伦娜·居里和约里奥·居里的文章。他把文章拿给卢瑟福看。卢瑟福看后大笑说，我不相信那是“高能γ射线”。卢瑟福让查德威克立刻重复伊伦娜·居里和约里奥·居里的实验。

之后查德威克假定“铍射线”是一种具有质量的不带电的中性粒子。在此前提下进行研究，终于使一切疑问得以解决。

1932年2月，查德威克在《自然》杂志发表了他的实验结果，把这个粒子定名为中子，并因此而获得1935年诺贝尔物理学奖。而伊伦娜·居里和约里奥·居里却与1935年诺贝尔物理学奖擦肩而过。

参考文献

[1] 张友寿，秦有钧. 铍和含铍材料的性能及应用[J]. 焊接学报，2001，22(6)：92~96.

[2] 符剑刚，蒋进光. 从含铍矿石中提取铍的研究现状[J]. 稀有金属与硬质金属，2009，37(1):40~45.

[3] 铍对人体健康的危害[EB/OL]. 中国安全生产网，2012-07-16[2015-11-10]. http://www.aqsc.cn/101812/102056/247251.html.

镓不仅可以用作核反应的热交换介质，还可以用作高温温度计的填充料，并享有“电子工业脊梁”的美誉。

镓的特点

镓非常柔软，富有延展性，固态时为青灰色，液态时为银白色。它的熔点为29.78℃，故把它放在手中即会熔化；但沸点很高（2403℃）。镓能浸润玻璃，很容易水解。

金属镓

镓的金属活动性类似锌，比铝低。镓是两性金属，既能溶于酸（产生 Ga^{3+}）也能溶于碱（生成镓酸盐）。镓在常温下，表面产生致密的氧化膜阻止进一步氧化，在冷的硝酸中钝化。加热时和卤素、硫迅速反应，和硫的反应按计量比不同产生不同的硫化物。

镓的“家”在哪里？

镓在地壳中的含量为 $1.5\times10^{-4}\%$。自然界中的镓分布比较分散，多以伴生矿存在，主要赋存在铝土矿中，少量存在于锡矿、钨矿和铅锌矿中。根据美国地质调查局2014年发布的数据显示，全球铝土矿中镓的储量超过100万吨，锌矿中还有一定储量的镓资源。虽然铝土矿和锌矿中所含的镓资源相对较多，但目前能从中开发回收的镓资源量却很少。

镓的化合物

目前，我国金属镓的消费领域包括半导体和光电材料、太阳能电池、合金、医疗器械、磁性材料等，其中半导体行业已成为镓最大的消费领域，约占总消费量的80%。随着镓下游应用行业的快速发展，尤其是半导体行业和太阳能电池行业，未来金属镓需求也将稳步增长。

锑化镓（GaSb），为半导体材料之一，锑化镓通常可以用来做红外检测器、发光二极管、晶体管、激光二极管等。

氮化镓（GaN），是氮和镓的化合物，是一种直接能隙的半导体，自 1990 年起常用在发光二极管中。此化合物结构类似纤锌矿，硬度很高。氮化镓可以用在高功率、高速的光电元件中，例如紫光激光二极管，可以在不使用非线性半导体泵浦固体激光器的条件下产生紫光激光。

镓和我们的关系

镓的医疗作用

放射性镓可用来诊断癌症。镓还常用来制造镶牙合金。此外，镓还以硝酸镓、氯化镓等形式应用于医学及生物学领域，用于恶性肿瘤、晚期高血钙及某些骨病的诊断和治疗等[1]。

镓中毒的影响及改善方法

临床表现：

（1）镓对人的毒性不大。但用放射性镓治疗时可出现嗜睡、恶心、呕吐、食欲缺乏、贫血、白细胞减少、毛囊炎和广泛性剥脱性皮炎。以上表现难以和放射性反应相区别。近年来，采用静脉注射 ^{67}Ga 作肿瘤扫描，多数患者毒性反应不大。

（2）接触镓化物烟尘可出现皮疹、结膜炎、角膜炎及神经炎。

（3）砷化镓遇高温可产生三氧化砷气体，吸入可引起砷中毒，出现周围神经损害等。

急救处理：

（1）镓中毒无特殊解毒药，主要做对症处理。

（2）皮炎常用 5% 二巯丙醇油膏涂抹。眼刺激可先用水冲洗，然后以 0.5% 醋酸氢化可的松眼药水滴眼，2% 二巯丙醇油膏涂眼。

（3）砷化镓中毒可按砷中毒治疗[2]。

小贴士

在化学元素周期表建立的过程中，性质相似的元素成为一族已被化学家们接受。当时法国化学家布瓦博德朗利用光谱分析发现，在铝族中，在铝和铟之间缺少一个元素。从 1865 年开始，他用分光镜寻找这个元素，分析了许多矿物，但是都没有成功。直到 1875 年 9 月，布瓦博德朗在法国化学家们面前表演了一组实验，证明新元素的存在。当时布瓦博德朗测定的新元素密度是 4.7 克 / 厘米^3，而门捷列夫根据元素周期表推算出的密度应该是 5.9~6 克 / 厘米^3。布瓦博德朗又重新测定了这种新元素，证实了密度应该是 5.96 克 / 厘米^3。他将此物质命名为 gallium，元素符号定为 Ga。镓的发现不仅是一个化学元素的发现，它的发现引起了科学家们对门捷列夫制定的元素周期表的重视，使化学元素周期表得到承认和赞扬。

参考文献

[1] 翟秀静 . 镓冶金 [M]. 北京 : 冶金工业出版社，2010.

[2] 中华康网镓及其化合物中毒急救镓及其化合物中毒急救 [EB/OL]. http://www.cnkang.com/yaox/yyyx/jjyw/200703/64672.html.

锆（Zr）
原子序数 40

锆是一种银白色的金属，它有着极高的熔点，可谓纵身火海全不怕。从军工上来看，钢里只要加进千分之一的锆，就可摇身一变，其硬度和强度就会惊人的提高。锆还可以用作冶金工业的“维生素”，发挥它强有力的脱氧、除氮、去硫的作用。说这些大家可能还是不知道它和我们有什么关系，但一说宝石，很多人都两眼放光了吧，锆石就是宝石的一种，有着剔透的外形，自古就被作为首饰品佩戴。下面，让我们一起走进这种神奇的金属。

锆是什么?

锆是一种银白色的过渡金属，锆的表面易形成一层具有光泽的氧化膜，故外观与钢相似。锆的可塑性好，易于加工成板、丝等。锆在加热时能大量地吸收氧、氢、氮等气体，可用作贮氢材料。

金属锆

据统计，仅有 3%~4% 的锆被加工成金属锆（或称海绵锆）的形式，再进一步加工成各种锆合金，应用于核燃料组件或者普通工业领域。从加工难易程度、工艺水平、科技含量等方面而言，金属锆制品处于产业链最高端。锆的名字来源于锆石，而锆石的名称来源于波斯语“金色”(zargun)。据称这种称法是因为一些锆石珠宝的颜色很夺目。其实，锆石的颜色有很多种，红色、棕色、绿色和黄色比较普遍，无色锆石也较为常见。

锆从哪来?

1824 年，瑞典化学家贝采里乌斯通过将钾和氟锆酸钾的混合物放置于一个铁管中进行加热成功提取出纯锆。实验所得的黑色粉末状的锆纯度达 93%，贝采里乌斯提纯制出的锆的纯度一直没能再提高，直到近 100 年后，高纯度的锆才被制出。如今，大部分的锆都是从锆石（$ZrSiO_4$）和二氧化锆（ZrO_2）中提取，提取的过程被称为“克罗尔法”。

锆矿山

锆主要以矿物形式存在于自然界，锆在地壳中的含量居第二十位，其丰度为 0.02%，比常见的金属铜、铅、镍、锌多，却被称为“稀有金属”，是因为制取工艺较为复杂，不易被经济地提取。锆英石、斜锆石是目前锆的主要来源。有趣的是，人们发现沿海的沙石经常是很好的锆矿。

锆的化合物

锆与我们的生活息息相关，从房间装修使用的陶瓷、耐火剂，到造纸、化妆品的添加剂，可以说它就“潜伏”在我们的生活中。

硅酸锆（$ZrSiO_4$），主要用于建筑陶瓷、日用陶瓷及电瓷的色釉料生产，在高级耐火材料、精密铸造、乳化玻璃等行业也被广泛使用。

碳酸锆（ZrC_2O_5），主要用作化妆品的添加剂和防水剂、阻燃剂、遮光剂以及纤维、纸张的表面助剂，并可用于制取锆铈复合催化材料，是纺织、造纸、涂料、化妆品行业的重要原料，近年来用量不断增长。

氯氧化锆（$ZrOCl_2$），可以用于纺织、皮革、橡胶添加剂、金属表面处理剂、涂料干燥剂、耐火材料、陶瓷、催化剂、防火剂等产品。

二氧化锆（ZrO_2），无毒、无味的白色固体，适用于精密陶瓷、电子陶瓷、光学透镜、玻璃添加剂、电溶锆砖、陶瓷颜料、瓷釉、人造宝石、耐火材料、研磨抛光等行业和产品。

锆与人体关系

纯正的晶体锆石一般对人体无害，因为它基本不含放射性物质，如果是非晶质、透明度差的低型锆石则将会对人体有害，因为这样的锆石晶体含有较高的放射性物质铀，产生的放射性对人体产生较严重的辐射。

小贴士

美丽的锆石

锆石是一种性质特殊的宝石。由于它在外观上与钻石很相似，因而被誉为可与钻石媲美的宝石。早在古希腊时，这种美丽的宝石就已被人们所钟情。相传，犹太主教胸前佩戴的12种宝石中就有锆石，称为“夏信斯”。据说，锆石的别名“风信子石”，就是由“夏信斯”而来。

锆石

现今有些国家把锆石和绿松石一起作为“十二

月诞生石”，象征成功和必胜。世界上最著名的蓝色锆石，质量 208 克拉，现珍藏于美国纽约自然历史博物馆。

硅酸锆可“美白”瓷砖，色度越白越易致癌

硅酸锆瓷砖

2009 年，国家质检总局发布的有关公告公布了 3 种瓷砖产品“放射性核素限量”不合格，一石激起千层浪，在社会上引起了巨大反响和对“瓷砖致癌说”的恐慌。

放射性元素导致恶性肿瘤是有可能的，一般是诱发细胞病变，导致白血病、淋巴瘤、皮肤癌等。陶瓷生产企业为了增加白度，会添加硅酸锆，而过度添加会导致放射性含量增加，虽然我国临床实践和病例文献中，尚没有遇到瓷砖致癌的病例和相关记载。但是，事关生命健康，还是小心为上，因此专家建议消费者在购买瓷砖时，不要一味追求白度。

铯在医学上、导弹上、宇宙飞船上及各种高科技行业中都有广泛应用，它还有一个神奇的应用，通过铯原子钟，人们可以十分精确地测量出十亿分之一秒的时间，精确度和稳定性远远地超过世界上的任何一种表，也超过了许多年来一直以地球自转作基准的天文时间。那么铯与人体之间又有什么样的关系呢？下面让我们一起来揭开铯神秘的面纱。

什么是铯？

如果有人问，自然界里最软的金属是什么？你可以这样回答，铯就是最软的金属，它甚至比石蜡还软。铯具有活泼的个性，它本来披着一件漂亮的银白色的“外衣”，可是一与空气接触，马上就换成了灰蓝色，甚至不到一分钟就自动地燃烧起来，发出玫瑰般的紫红色或蓝色的光辉，把它投到水里，会立即发生强烈的化学反应，着火燃烧，有时还会引起爆炸。即使把它放在冰上，也会燃烧起来。正因为它这么的“不老实”，平时人们就把它“关”在煤油里，以免与空气、水接触。最有意思的是，铯的熔点很低，很容易就能变成液体。一般的金属只有在熊熊的炉火中才能熔化，可是铯却十分特别，熔点只有28.5℃，除了水银之外，它就是熔点最低的金属了。

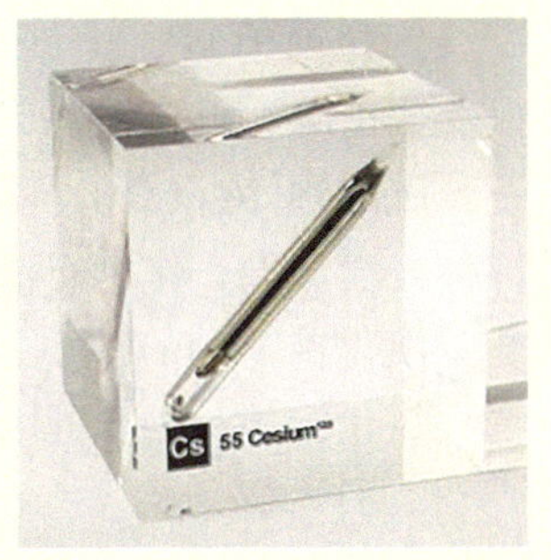

金属铯

铯从哪来？

铯矿石

铯属于碱金属元素，一般为伴生元素矿产产出，根据铯矿产出岩石类型和伴生矿产类型，我国的铯矿可以划分5种产出类型，即碱性花岗伟晶岩中的铯榴石矿床、铌钽矿床中伴生铯矿、风化沉积型铯铌矿、含铯锂卤水以及现代地热区域的含铯硅质岩。原生硅酸盐型铯矿多与碱性岩浆热液交代作用有关[2]。

世界上铯榴石储量最多的国家是加拿大，约占全世界总储量的75 %，伯尼克湖含23.3% Cs_2O 的铯榴石储量达35万吨，津巴布韦比基塔地区拥有含24% Cs_2O 的铯榴石15万吨，是仅次于加拿大的铯榴石产地。另外纳米比亚、美国、巴西、刚果（金）、印度、澳大利亚、葡萄牙等国也拥有一定的储量。

我国铷铯资源十分丰富，主要分布在新疆、江西、湖南、四川、青海和西藏等地，储量约 60 万吨，氧化铯的储量约 8 万吨，均占世界第一位[3]。

生活中的铯

铯是制造光电管的主要感光材料，使用光波范围广、灵敏度高、稳定性好。氧银铯、锑铯等用作光电池、光电倍增管，以及作真空管的吸气剂。在离子发动机、磁流发电机、热电换能器及超临界蒸汽发电系统等方面都用到铯。铯原子钟的准确度已经达到 500 万年误差仅 1 秒的水平[1]。

碘化铯（CsI），由钠和铊激活的碘化铯可制作工业和医疗用的 X 射线图像增强器输出屏，碘化铯晶体在光电技术上有特殊作用，我国已研究特大单晶。

碳酸铯（Cs_2CO_3），可用于酿酒，是制取各种铯盐的基础原料，也可用于生产特种光学玻璃；作为石油催化助剂等。

溴化铯（CsBr），可用于分析试剂，X 射线荧光屏，分光计的棱镜，吸收杯窗。

氯化铯（CsCl），可用于显微镜分析，密度梯度离心。

铯与人体关系

铯对人体的危害

铯 –137 是金属铯的同位素之一，呈银白色、质软、化学性质极为活泼，遇水发生爆炸，放射性较强，人体摄入量小于 0.25 焦 / 千克属于安全范围；超过此值会导致造血系统、神经系统损伤，非正常生育乃至绝育；人体摄入量超过 6 焦耳 / 千克，能够致人死亡。

铯 –137 对人体的影响取决于其辐射强度，暴露时间和受影响的人体细胞种类等。如果涉及的铯 –137 是一个非常高辐射的放射源，可能会引起急性放射病症，例如：恶心，疲倦，呕吐及毛发脱落等，如果受到约 1 希沃特辐射剂量的直接照射，甚至可以引致死亡。铯 –137 进入人体会积聚在肌肉组织中，并有可能增加患癌症的风险。

铯中毒防治方法

防护措施：

(1) 呼吸系统防护：一般不需要特殊防护，但建议特殊情况下，佩戴自吸过滤式防毒面具（半面罩）。

(2) 眼睛防护：戴化学安全防护眼镜。

(3) 身体防护：穿化学防护服。

(4) 手防护：戴橡胶手套。

(5) 其他：工作现场严禁吸烟。注意个人清洁卫生。

急救措施：

(1) 皮肤接触：脱去被污染的衣服，用肥皂水和清水彻底冲洗皮肤。

(2) 眼睛接触：提起眼睑，用流动清水或生理盐水冲洗。就医。

(3) 吸入：迅速脱离现场至空气新鲜处。保持呼吸道通畅，如呼吸困难，给输氧，如呼吸停止，立即进行人工呼吸。然后就医。

(4) 食入：饮足量温水，催吐。

小贴士

铯发现得比较晚，是1860年德国化学家本生和物理学家基尔霍夫用分光镜进行光谱分析时发现的。本生和基尔霍夫对各种不同矿泉水的化学组成进行研究，在分离Durkheim矿泉水中的钙、锶、镁和钾以后，取出一滴溶液蒸发，利用光谱分析方法研究，这两位科学家观察到有两条明显的蓝线，彼此靠得很近。本生和基尔霍夫确认发现了一种新元素。1860年5月10日，他们向柏林科学院正式报告这一重大科学发现。建议把它命名为“Cesium”（铯），符号为Cs，在古代这个词是用来描述天空的蓝色。金属铯直到1882年才由德国塞特伯格和俄国别凯托夫几乎在同时用不同方法独立制得[4]。

G.R. 基尔霍夫

参考文献

[1] Williams C T, Tantalum Mining Corp.，雷汉寰．铯和铯化合物 [J]．新疆有色金属，1995(3)：57~60.

[2] 董普，肖荣阁．铯盐应用及铯（碱金属）矿产资源评价 [J]．中国矿业，2005，14(2):30~34.

[3] 锂铷铯矿物及其资源 [J]．新疆矿冶，1984(2):192~212.

[4] 李静萍，许世红．长眼睛的金属——铯和铷 [J]．化学世界，2005(2):85~86.

钡（Ba）
原子序数 56

有歌词唱到："我就是我，是不一样的烟火。"有谁知道，其实最美的烟火缺少不了钡元素的参与。烟火中的绿色就是钡元素牺牲自己呈现出来的。钡在人体中含量也不少，假定一成年人的体重是 70 千克，他体内的钡总量大约是 16 毫克。钡及其化合物用途很广，常见钡盐有硫酸钡、碳酸钡、氯化钡、硫化钡、硝酸钡、氧化钡等。除硫酸钡外，其他钡盐均有毒性。

什么是钡?

钡是碱土金属元素，是一种柔软的有银白色光泽的碱土金属，在极纯时稍带有金色。钡金属的银白色会在空气中产生一层暗灰色的氧化层。钡有良好的导电性。

钡的化学活性很大，在碱土金属中是最为活泼的。从电势以及电离能可以看出，钡单质具有很强的还原性，它是酸性溶液中最活泼的金属之一，仅次于锂、铯、铷与钾。

烟火

钡在空气中缓慢氧化，生成氧化钡；燃烧时则发出绿色火焰，生成过氧化钡。同时钡也会与空气中的氮气反应，生成氮化钡。钡与水反应，生成氢氧化钡与氢气。钡能溶于液氨，生成具有顺磁性的、导电的蓝色溶液[2]。

钡的出生地

重晶石是钡最常见的矿物，成分为硫酸钡。世界范围内重晶石的储量约为 20 亿吨，中国居世界首位，美国和印度居世界第二和第三位。中国是世界上最大的重晶石生产国。中国的重晶石资源分布于全国 26 个省（区），探明储量的矿区有 200 余处，总保有储量 6 亿吨[1]。

钡矿石

钡的小伙伴

钡可作为真空管和显像管的除气剂；它能改善蓄电池极板铅合金性能；钡

是铸铁的石墨球化剂和铝硅合金的变质剂；钡的用途广泛，锌钡白（俗称立德粉）是常用的白色颜料；重晶石可做钻探用的泥浆；钡盐（如硝酸钡）可用作制造黄色焰火和信号弹。

碳酸钡（$BaCO_3$），由于其较容易从自然矿物中获取，且有毒性，故又被称做毒重石。碳酸钡是一种常见的无机盐，用于钢铁、焊条、玻璃、颜料、油漆、涂料、烟火、搪瓷、电子等工业。

硫酸钡（$BaSO_4$），是一种常见的实验室和工业用化学品。使用X射线透视肠胃之前，必须服用硫酸钡，俗称“钡餐”。

氢氧化钡（$Ba(OH)_2$），对脂类和腈类的水解起催化作用，也可以用来处理酸泄漏事故。

宝“钡”与生活

钡在生活中的应用还是很广的，确实是人们生活中不可缺少的宝贝，但是就像硬币一样，钡也有两面性，有时会引起钡中毒，所以也不能大意。

医学用途

用于消化道检查的钡餐是药用硫酸钡，因为它不溶于水和脂质，所以不会被胃肠道黏膜吸收，因此对人基本无毒性。钡餐造影即消化道钡剂造影，是指用硫酸钡作为造影剂，在X线照射下显示消化道有无病变的一种检查方法。

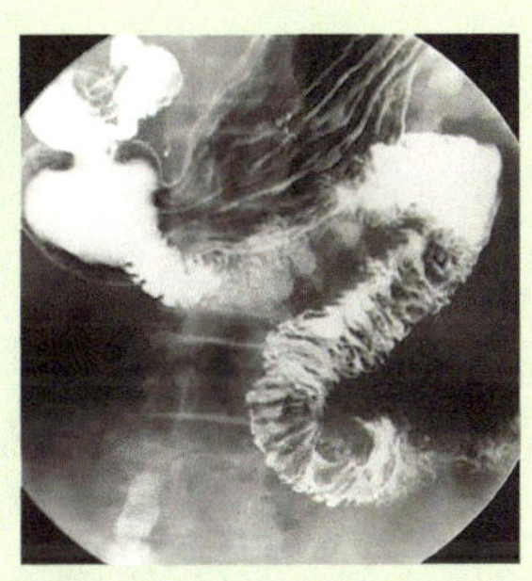

钡餐造影

根据临床诊治的需要，可将胃肠钡餐造影分为上消化道钡餐、全消化道钡餐、结肠钡灌肠以及小肠钡灌肠检查。

钡中毒

原因：临床上多见因误服而引起的急性中毒。钡及其化合物可以粉尘的形式吸入，或因误服经消化道进入体内。食入的可溶性钡化合物在胃内可迅速被胃酸溶解而吸收。

症状：口服可溶性钡盐发生的急性中毒，开始出现胃肠道症状，如口腔、咽喉部及食道等处有干燥和烧灼感，恶心、呕吐、腹痛、腹泻、排水样血性大便；以后因肠痉挛而致便秘，同时可伴有头痛、眩晕、复视、耳鸣、口唇周围麻木感、刺痛等，由于频繁呕吐和腹泻，常致脱水，电解质紊乱，甚至休克，多量钡离子被吸收入血液后，对病人全身肌肉细胞产生过度刺激和兴奋作用，致使肌肉发生强烈而持久的痉挛，出现面肌及颈肌紧张，肌肉震颤和抽搐，其他症状尚有心动过速、早搏、心律不齐、血压升高、精神错乱、血钾降低等，严重中毒可引起心室颤动，甚至心搏骤停，部分病人可因膀胱痉挛而出现尿闭现象，以后并可见进行性肌麻痹，肢体活动障碍。

治疗方法：

(1) 尽快驱除毒物：口服中毒者先用温水或5%硫酸钠洗胃，然后再口服硫酸钠20~30克，使之与胃肠道内尚未吸收的可溶性钡盐结合为无毒的硫酸钡，加速钡的排出。硫酸镁有抑制呼吸作用，不宜使用。洗胃和导泻后，可再用1%硫酸钠500~1000毫升静脉滴注或10%硫酸钠200毫升缓慢静脉滴入，连用2~3天后改为口服。如无硫酸钠时，可用20%硫代硫酸钠20~40毫升静脉注射，每天1~2次。

(2) 及早充分补充钾盐：低血钾时应尽快补钾，轻症可每天口服3~6克。重症者应静脉补钾，在5%~10%葡萄糖注射液500毫升中加入氯化钾2.0~3.0克，静脉缓滴，每天量可达4~6克。

(3) 保护心肌，防治心律不齐，纠正脱水及抗休克等对症治疗。

小贴士

小故事——一封密信

有一种密信是用硫酸钠水溶液写的，这种水溶液是无色透明的，写在粉纸上晾干后，什么痕迹也没有。把收到的这封信放到盛有硝酸钡水溶液的瓷盘中，硫酸钠与硝酸钡发生有趣的化学反应，生成了不溶解于水的白色沉淀物——硫酸钡。这样，白色的字迹就在粉纸上清楚地显示出来了。

参考文献

[1] 李占远. 我国重晶石资源分布与开发前景 [J]. 中国非金属矿工业导刊，2004(5): 86~88.
[2] 宋天佑. 无机化学 [M]. 北京：高等教育出版社，2010.

随着稀土元素在农业、工业、畜牧业及医药等领域的广泛应用，特别是稀土微肥在农业上的大量推广，越来越多的稀土进入生态环境，并通过食物链等多种途径进入人体，因此，稀土元素在机体内的蓄积性及其诱发的生物效应也越来越引起人们的关注。镧就是这样一种元素。

镧的特点

镧是一种柔软且有延展性的银白色金属，在室温下具有六角形的晶体结构。镧容易被氧化，在潮湿空气中迅速失去光泽，生成无色化合物，并具有两个氧化态，+2 和 +3 价，后者稳定性更强。室温下暴露于潮湿的空气中，氧化形成氧化镧水合物。镧在冷水中缓慢腐蚀，热水中加快，形成氢氧化镧。镧可以和所有卤素反应，如果温度高于 200℃，则反应较剧烈，镧与氮、碳、硫、磷、硼、硒、硅和砷在高温下结合，形成二元化合物。

金属镧

镧从哪里来?

镧存在于稀土矿中，通常把它归于稀土族，是混合稀土的一种主要成分。镧一般由水合氯化镧脱水后用金属钙还原，或由无水氯化镧经熔融后电解而制得。

镧的化合物

活跃的化学活性和丰富的储量，使镧广泛应用于冶金、石油、玻璃、陶瓷、农业、纺织和皮革等传统工业领域。尽管生产镧并不困难，但为了降低成本，在充分发挥镧及稀土共性的前提下，经常以混合轻稀土或富镧稀土的产品形式使用。

氯化镧（$LaCl_3$），用于制备石油裂化催化剂、提取单一稀土产品以及冶炼富镧混合稀土金属等。

氢氧化镧（$La(OH)_3$），三元催化剂，用于玻璃、陶瓷、电子工业等。

氧化镧（La_2O_3），用于制造特种合金、精密光学玻璃、陶瓷电容器等，也用作反应催化剂。

镧与人体的关系

镧对我们的帮助

(1) 防龋作用。低浓度镧对乳牙人工釉质龋有再矿化作用，对口腔内金黄葡萄球菌、表皮葡萄球菌和肺炎双球菌有抑制作用，用低浓度含镧漱口液制剂可有效防治老年人根面龋。另外，镧的细胞毒性作用只是氟的 1%，在肾、脑、血液和肝脏等内脏器官中的积蓄也较少，因此镧不失为一种低毒高效的防龋元素，也是继氟之后更具潜力的防龋元素。

(2) 对消化系统的作用。有研究发现，较高剂量的硝酸镧长期口服可引起胃黏膜的损伤；较低剂量的硝酸镧对胃黏膜有一定的保护作用，使胃黏膜的出血溃疡等损伤减少，这与应激反应时对垂体 - 胃上腺功能抑制可能有关系。

(3) 对细胞膜的作用。镧系离子对细胞的生物学效应往往是作用于细胞的外表面，即生物膜。镧系元素离子在低浓度下对依赖于钙调蛋白的人红细胞膜 Ca^{2+}–Mg^{2+} ATP 酶呈激活作用，而高浓度的镧系离子则呈抑制作用，表现出镧系离子对该酶作用的两面性。

(4) 抗细胞突变及抗癌作用。适宜浓度的镧盐有明显的抗细胞突变作用。镧系离子能减轻突变剂导致的染色体损伤，增强 DNA 损伤修复能力，保护 DNA，使突变表达降低。随着镧浓度的增加，镧对肿瘤细胞表现出抑制乃至杀灭作用。硝酸镧在体外培养中对喉癌细胞增殖有一定的抑制作用，并可能促其向良性分化。

(5) 镧对免疫系统的影响。镧对免疫系统也存在一定的促进作用。有研究表明，氧化镧（La_2O_3）能够促使巨噬细胞吞噬功能明显增强，并且能够有效地对抗免疫抑制剂的作用。巨噬细胞活化程度提高，其防御能力增强，清除病毒、癌细胞功能自然也会提高。

镧对我们的伤害

(1) 遗传毒性。高剂量的稀土具有一定的遗传毒性。

(2) 对大脑功能及神经系统的影响。镧系离子具有神经阻滞剂的功能。

(3) 对肝脏、心脏及肾脏等器官的影响。一般进入组织的镧主要累积在肝脏，特别是经消化道摄入的镧首先在肝脏中累积，然后经血液向其他脏器转移。大量研究表明，镧对肝脏存在伤害。硝酸镧灌胃染毒后，可见肝细胞基质内线粒体肿胀、空泡化，嵴减少或消失。同时，镧对心脏和肾脏也存在一定的伤害[1]。

小贴士

稀土元素发现史

稀土的历史始于1794年。当年芬兰化学家加多林从小镇伊特比所产的黑石矿样中发现未知“新土”，为钇（Y）的氧化物。1828年弗里德里希·维勒成功分离出金属钇。此后150多年中，各国化学家发现了许多新的稀土元素：德国化学家希生格尔于1803年发现并命名了铈（Ce），瑞典化学家莫桑德尔于1839年从铈土中分离出镧（La）并随后发现了镨元素（Pr）和铽元素（Tb）。这些当时轰动科技界的大事件，掀起了稀土元素发现的第一轮高潮。19世纪后半叶，由于光谱分析法的发现、元素周期表的发表和稀土元素电化学分离工艺的迅速发展，新的稀土元素被不断发现。1878年，查尔斯和马里纳克在“铒”中发现了新的稀土元素镱（Yb）；1879年，瑞典人克利夫发现了钬元素（Ho）和铥元素（Tm），同年瑞典化学教授尼尔森和克利夫在硅铍钇矿和黑稀金矿中找到了钪（Sc）。1880年，瑞士化学家马里纳克分离出了新元素钆（Gd），1885年奥地利人韦尔斯巴克成功地从“镨钕”中分离出了钕（Nd）和镨（Pr）两个元素，次年法国人布瓦博德朗成功地将钬分离成钬元素（Ho）和镝元素（Dy）。此后化学家又相继发现了钐（Sm）、铕（Eu）和镥元素（Lu），1947年马林斯基及同事成功分离出最后一个稀土元素钷（Pm）。至此，17个稀土素全部被发现。

参考文献

[1] 刘小阳，胡爱武. 镧元素生物效应研究进展[J]. 宿州学院学报，2011，26(8):21~23.

铱（Ir）

原子序数 77

铱可谓是金属界一威武不屈的角色，其抗腐蚀的性质在工业上得到大量应用，1889 年制成的国际米原器和国际千克原器是由含 90% 铂和 10% 铱的合金组成。此外，铱因其 X 射线反射能力比镍、金和铂都要好，被用于 X 射线望远镜中。铱对人体又会产生怎样的影响呢？下面让我们一起来了解铱吧。

铱的基本性质

铱属于铂系金属，呈白色，另带少许黄色。铱坚硬易碎，熔点也非常高，所以很难铸造和塑型。制造工序一般使用粉末冶金。铱是唯一一种在 1600℃以上的空气中仍保持优良力学性质的金属。其沸点极高，在所有元素中排第十位。

金属铱

铱具有很高的刚度，使得铱的加工生产过程非常困难。尽管生产不易，价格昂贵，但铱还是有多种应用。铱是抗腐蚀性最强的金属之一，它能够在高温下抵御几乎所有酸、王水、熔融金属，甚至是硅酸盐的侵蚀。

铱从哪来?

铱是地球地壳中最稀有的元素之一，金的丰度是它的 40 倍，铂是它的 10 倍，而银和汞都是它的 80 倍。

铱在自然中以纯金属或合金的形态出现，尤其是各种比例的铱－锇合金。地壳中有 3 种地质结构的铱含量最高：火成岩、撞击坑以及前二者演化而成的地质结构。

生活中的铱

铱质坚硬，难以加工；通常与铂熔成合金使用。铂铱合金可制作电触点、插头、电阻丝、自来水笔尖、电唱机针头、注射器针头、珠宝饰物、实验室器皿、电极、标准质量原器和长度原器；铑铱合金可制作高温热电偶；含钨 5% 的铱钨合金可做高温弹簧材料；纯铱可用于制作高温坩埚、仪器零件、高温真空仪表的金属丝、电气触头等；铱可作氢化、脱氢、氧化等反应的催化剂。

铱与人体

铱的医学用途

近距离治疗利用 ^{192}Ir 所释放的 γ 射线来治疗癌症。这种治疗方法把辐射源置于癌组织附近或里面，可用于治疗前列腺癌、胆管癌及子宫颈癌等。

铱对人体的危害

成块的铱金属没有生物用途也无害，因为它不与生物组织反应。和大部分金属一样，铱的金属细粉具有危险性。铱粉末会刺激组织，且容易在空气中燃烧。大部分铱化合物都不可溶，所以很难被人体吸收；不过铱的可溶盐，如各种卤化铱，则具有毒性。

^{192}Ir 同位素和其他放射性同位素一样是危险的。^{192}Ir 所放出的高能 γ 射线会提高患癌症的可能性，外照射可导致烧伤、辐射中毒甚至死亡。摄入 ^{192}Ir 可导致肠胃内膜烧伤。进入体内的 ^{192}Ir、^{192m}Ir 和 ^{194m}Ir 主要会积累在肝脏中，所放出的 γ 射线和 β 辐射会对身体造成损害。

小贴士

铱 –192 的失而复得

事件经过

2014 年 5 月 7 日上午 8 点左右，王某发现公司焊接钢板的车间门口卫生状况不好，地上有少许垃圾，就找来扫帚做清洁。当清洁到焊接车间门口时，发现地上有一个类似铁链的东西。他捡起来后发现很沉，误以为是贵重物品，见四下无人，悄悄装入了上衣口袋后就继续干活了。当天中午 11 点半左右，他下班回家后，将捡来的“铁链”丢在了自家院子里。2014 年 5 月 9 日，他去公司上班时听说，天津宏迪工程检测发展有限公司在他们公司车间作业时丢失了一个放射性很强的东西，才怀疑是自己捡到的那个东西。后来听说警方正在到处寻找，并在周围地区展开大规模搜查行动，他有些害怕了。当天下班回家后，他一夜都没合眼，凌晨 5 点多，当发现搜查人员暂时离开他家附近后，他就用蓝色塑料袋将捡来的“铁链”

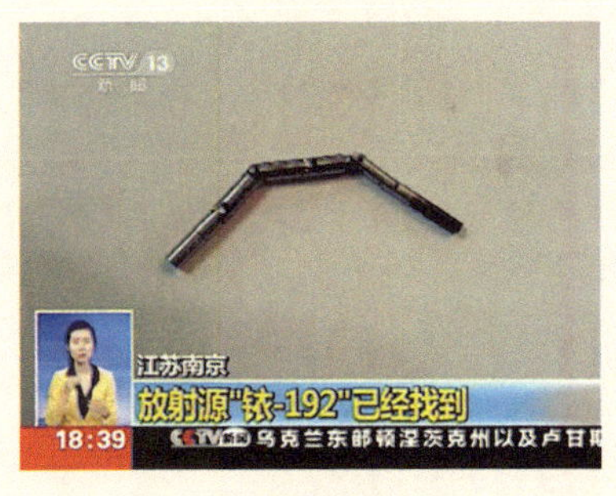

新闻报道

包好，悄悄扔到不远处的草丛内。

王某因身体受到辐射伤害被送往医院接受治疗。公安机关和卫生部门经排查后，暂未发现有其他人员遭受辐射伤害。

专家提醒

相对而言，工业探伤用放射源比较容易丢失，因其经常用于工地检测、是移动性放射源。放射源（等级）分为五类，一类源放射性最强，此后依次衰减，丢失的工业探伤放射源可能属于三类源，算是危险性较高的，长期接触会导致人体患疾，短时内可能会造成血液中白细胞数量下降，但应不会致死。

国内外都曾发生过因好奇捡拾放射源造成严重伤害的案例，建议民众少接触来历不明的金属，精美、夜间发光的物体也要尽量少接触，接触前最好事先到相关机构对其进行检测。

放射源铱 -192 辐射伤害的急性期症状主要是神经和胃肠道功能改变，表现为乏力、不适、食欲减退等；受照剂量较大的，表现为头晕、恶心、呕吐等；如果局部照射时间较长，皮肤会呈焦样改变[4]。

参考文献

[1] Greenwood N N，Earnshaw A. Chemistry of the Elements 2nd. Oxford: Butterworth-Heinemann. 1997:1113~1143，1294.

[2] Human Health Fact Sheet. Argonne National Laboratory. 2005.

[3] Emsley J. Iridium//Nature’s Building Blocks：An A-Z Guide to the Elements. Oxford，England，UK: Oxford University Press. 2003:201~204.

[4] “铱 -192”丢失过程被查明提醒：来历不明的金属别碰！ [EB/OL]. 新华网，2012-5-13 [2015-11-10].

铋（Bi）
原子序数 83

铋是银白色至粉红色的金属。“胃必治”这款治疗胃病的药想必大家都很熟悉，它的有效成分中就含有铋的化合物。女孩子们都希望自己的肌肤可以水润饱满，正是铋的化合物帮助化妆品有了保持水分的作用。除此之外，铋也被应用到合金冶炼中，同时也是理想的超导材料之一，蓄电池、半导体和核工业材料中都有铋的应用。可见，铋在现在和未来的应用领域中将大显身手。

铋是什么？

金属铋

纯铋是柔软的金属，不纯时性脆。液态铋凝固时有膨胀现象。导电和导热性都较差。铋的硒化物和碲化物具有半导体性质。金属铋质脆易粉碎；室温下，铋不与氧气或水反应，在空气中稳定。

铋不溶于水，不溶于非氧化性的酸（如盐酸），即使浓硫酸和浓盐酸，也只能在共热时才稍有反应，但能溶于王水和浓硝酸。其中五价化合物 $NaBiO_3$（铋酸钠）是强氧化剂，其半衰期达到宇宙寿命的 10 亿倍。

铋的来源

早在古希腊和罗马时期，就有金属铋的应用，人们用木炭还原辉铋矿制得它，主要用作盒子和箱子的底座。1450 年，德国修士瓦伦丁曾描述过铋。直到 1556 年，德国的阿格里科拉才在《论金属》一书中提出锑和铋是两种独立金属的观点。1737 年，赫罗特用火法分析钴矿时曾获得一小块样品，但当时并不知是何物。1753 年，英国的若弗鲁瓦和伯格曼确认铋是一种化学元素，命名为 bismuth。

铋矿物

铋在身边

铋听起来很神秘，但在日常生活中总有它的身影。

次碳酸铋 $(BiO)_2CO_3$ 和次硝酸铋 $BiO(NO_3)$，用来制胃药，具有收敛作用，治疗肠胃道消化不良症。内服可治疗消化道溃疡及腹泻。止泻药适用于剧烈腹泻或长期慢性腹泻，以防止机体过度脱水、水盐代谢失调、消化及营养障碍。

氧化铋 (Bi_2O_3)，用于制造化学试剂、铋盐、无机合成、玻陶着色、制造高折光率玻璃、核工程玻璃和作为核反应堆燃料。

氯氧化铋（BiOCl），是一种新型的高档环保珠光材料，无毒性，低油脂吸收，皮肤附着力强和珠光效果，使它成为化妆品合成中的重要原料（如指甲油、眼影等），也应用于塑料。氯氧化铋颜料还应用于汽车内装饰材料、电子设备（如手机、电脑）、体育用品、油墨、服装饰品附件。大量的氯氧化铋珠光浆应用于涂料（如家具油漆等）中；还用于制造人造珍珠、干电池阴极。

铋与人体的关系

铋的生理功能

铋在医学上的用途较广泛，主要用于临床治疗，此外也用于放射防护和病理染色。铋制剂使用的 200 多年时间中，一波三折，反映了医学科学的发展和人们认识水平的提高。目前铋制剂（主要为胶态铋）是治疗 HP 相关性胃炎、十二指肠炎以及消化性溃疡较为理想的药物，且副作用小，但长期使用的安全性尚无定论，故不主张长期使用[1]。

(1) 以油膏剂使用。1785 年，铋制剂用作皮肤的润滑剂和皮肤油性保护剂以及预防急性腹泻。

(2) 胃药和收敛剂。早期的铋类胃药多是无机类。碱式硝酸铋可保护胃黏膜，防止炎症扩大，复方成药为荷兰的“乐得胃”“佳胃德”、我国的“乐胃”片。铝酸铋是德国药物“胃必治”、瑞士“胃必灵”的主要成分，国内产品有的称为“胃铋治”。

铋化合物一般具有收敛、防腐作用，碱式没食子酸铋外用治皮肤病，内用止泻。铋化合物还是抗螺旋体药物，可治梅毒。

(3) 有辅助抗癌效用。日本在 20 世纪 80 年代后期，发现碱式硝酸铋可减轻治癌药物对肾脏的损害，增强病人体质。已有 200 人接受了试验，先服铋药，再服抗癌药，据称疗效显著，现在欧美一些国家也开展这方面的研究。碱式硝酸铋是常用胃药，而胃溃疡大约有 4%~5% 发生癌变，因此它用于医疗可能有双重疗效。

(4) 其他。铋药有和其他药剂联合使用的趋势，趋势之一是复方新药，英国葛兰素公司 1900 年试制了雷尼替丁枸橼酸铋，动物试验表明，更优于枸橼酸铋和单用雷尼替丁。趋势之二是联合用药。据报道，铋药与抗生素联用治疗溃疡病，能降低复发率，还可能根治。上海瑞全医院和仁济医院将“得乐”冲剂与抗生素联合使用，缩短了疗程[2]。

铋对人体的危害

铋元素并不是动植物的必需元素，因而在动植物组织中的分布很小。但是，由于人类从污染的食物和水中会摄取一定量的铋，因此从健康人群中的血液和尿液中探测到少量的铋。少量的铋对身体的危害不大。

铋和铅在许多性能方面都很接近，但是对人体无害，是“绿色金属”，即便对长期从事金属铋加工制造和铋化工行业的人来说，受到铋危害的几率都很小。随着人民生活水平的不断提高和对绿色环保材料的关注，铋代替铅已成为趋势，尤其是在化妆品替代重金属铅和珠宝首饰方面前景很好。

金属铋的毒性似乎局限于医疗上的应用，误服、医疗用量过大或长期应用铋剂均可引起中毒。

铋中毒的原因：大多由于医治腹泻时多剂量使用次硝酸铋所引起。由于肠道细菌作用，次硝酸铋可以氧化为亚硝酸盐，故可出现铋和亚硝酸盐双重中毒症状。小儿口服次硝酸铋的致死量约为 3~5 克，静脉或肌注可溶性铋盐过量可以导致急性中毒。不溶性铋盐（如次碳酸铋等）常为治疗胃肠道疾病的内服药物或外用制剂，虽然被吸收量很少，但若大量或长期使用也可导致铋中毒。哺乳期妇女由于乳头破裂而多次涂拭鱼肝油铋剂，婴儿可因吮入多量引起中毒。

铋中毒的征兆：急性中毒主要由于经口进入，病人会出现恶心、呕吐、流涎，舌及咽喉部疼痛，腹痛、腹泻，粪便黑色，并带有血液，还有皮肤、黏膜出血，头痛，痉挛等症状。由于肝、肾损害，可致肝大、黄疸，尿内出现蛋白及管型，甚至发生急性肝、肾功能衰竭。对铋盐过敏者，肌注后可出现发热、皮疹、急性溶血，偶见剥脱性皮炎。长期应用铋剂可致多发性神经炎、口炎、齿龈肿胀，口腔黏膜的色素沉着及牙龈上发生黑线。患者长骨端的 X 射线照片可见白色带，与铅中毒病例所见相似。

铋中毒

预防：严格遵守铋制剂的使用方法和使用量，出现上述表现时应立即停药，口服过量者尽早洗胃。应用二巯丙醇、二巯丙磺钠等金属解毒药，并给予对症治疗。

参考文献

[1] 陈虹，蒲朝煜. 铋在医学上的应用简史 [J]. 中华医史杂志, 1995, 25(2): 74~76.
[2] 张国平. 铋的应用现状及前景 [J]. 中国钨业, 1992(6): 15~22.

1898 年 12 月，居里夫妇历尽千辛万苦从沥青铀矿提取铀后的矿渣中分离出氯化镭，1907 年测出镭元素的新的相对原子质量，1910 年又用电解氯化镭的方法制得了金属镭（白色金属）。它的英文名称来源于拉丁文“radius”，含义是“射线”。那么，镭与人体之间又有着怎样的关联呢？

镭的基本性质

镭是银白色的碱土金属，带有放射性。镭在空气中相当的不稳定，可以迅速与氮气和氧气生成氮化物和氧化物。镭可以和水发生反应，生成氢氧化镭。镭盐和相应的钡盐属同晶型化合物，化学性质很相似。氯化镭、溴化镭、硝酸镭都易溶于水，硫酸镭、碳酸镭、铬酸镭难溶于水。

镭从哪里来？

镭在自然界中分布很广，存在于多种矿石和矿泉中，但含量极稀少，较多的来源于沥青铀矿中。在处理沥青铀矿提取铀时，镭经常与钡一起在不溶于酸的残渣中以硫酸盐形式回收。镭盐与铍粉的混合制剂可作中子放射源，用来探测石油资源、岩石组成等，也是原子弹的材料之一。

镭矿石

镭和我们的生活

镭对我们的帮助

镭是现代核工业兴起前最重要的放射性物质，广泛应用于医疗、工业和科研领域。镭能放射出 α 和 γ 两种射线，并生成放射性气体氡。镭放出的射线能破坏、杀死细胞和细菌，因此，常用来治疗癌症等。镭疗是一种放射治疗的方法，利用放射性元素镭放出的具有强大穿透力的 α、β、γ 射线进入体后，经过一系列物理变化，产生大量电离等现象，使细胞内核酸、蛋白质合成受阻，正常活动受到干扰，造成细胞功能障碍，导致细胞死亡，从而达到其治疗目的。临床上常用于宫颈癌等恶性肿瘤的治疗。

镭对我们的伤害

镭有剧毒，它能取代人体内的钙并在骨骼中富集，急性中毒时，会造成骨髓的损伤和造血组织的严重破坏，慢性中毒可引起骨瘤和白血病。

小贴士

居里夫人

玛丽娅·斯可罗多夫斯卡·居里，即著名的居里夫人，被誉为“镭的母亲”。

贝克勒尔在检查一种稀有矿物质“铀盐”时，发现了一种“铀射线”，贝克勒尔发现的射线，引起了居里夫人的极大兴趣。她根据门捷列夫的元素周期律排列的元素，逐一进行测定，结果很快发现另外一种钍的化合物，也能自动发出射线，与铀射线相似，强度也相像。居里夫人认识到，这种现象绝不只是铀的特性，必须给它起一个新名称。铀、钍等有这种特殊“放射”功能的物质，叫作“放射性元素”。

一天，居里夫人发现一种沥青铀矿的放射性强度比预计的强度大得多。这种反常的而且过强的放射性是哪里来的？只能有一种解释：这些沥青矿物中含有一种少量的比铀和钍的放射性作用强得多的新元素。

1898 年 7 月，居里夫妇宣布发现了这种新元素，它比纯铀放射性要强 400 倍。为了纪念居里夫人的祖国——波兰，新元素被命名为钋。

1898 年 12 月，居里夫妇又根据实验事实宣布，他们发现了第二种放射性元素，这种新元素的放射性比钋还强。他们把新元素命名为“镭”。可是按化学界的传统，一个科学家在宣布他发现新元素的时候，必须拿到实物，并精确地测定出它的相对原子质量。而居里夫人的报告中却没有钋和镭的相对原子质量，手头也没有镭的样品。

后来，奥地利政府决定馈赠一吨废矿渣给居里夫妇。居里夫妇立即投入提取实验，从中提取仅含百万分之一的微量物质。

从 1898 年到 1902 年，经过几万次的提炼，他们处理了几十吨矿石残渣，终于得到 0.1 克的镭盐，测定出了它的相对原子质量是 226。

镭宣告诞生了！

在居里夫妇发现镭以后，由于镭具有治疗癌症的特殊功效，镭的需要量不断增加，因此许多国家开始从沥青铀矿中提炼镭，而提炼过镭的含铀矿渣就堆在一边，成了“废料”。然而，铀核裂变现象被发现后，铀变成了最重要的元素之一，实现了变废为宝的过程。从此，铀的开采工业大大地发展起来，并迅速地建立起了独立完整的原子能工业体系。

铀的基本性质

金属铀是一种银白色金属，具有很强的毒性。铀的密度很大，硬度较小，比钢稍软，具有良好的延展性；电阻率稍高，有传热导电性。

铀的化学性质中等活泼。粉末状的铀在空气中常温下可以自燃，块状金属铀在空气中容易被氧化，加热也能燃烧，还能和开水反应；常温下可与氟、氯反应。铀与卤素反应生成卤化物，铀能与多种金属既可以形成合金，还可以作用生成金属间化合物。金属铀缓慢溶于硫酸和磷酸，有氧化剂存在时会加速溶解，铀易溶于硝酸，铀对碱性溶液呈惰性，但有氧化剂存在时，能溶解。

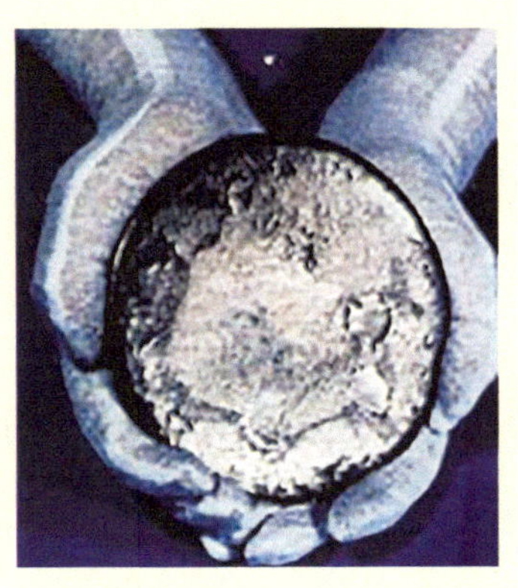
金属铀

铀的来源

目前世界上已发现的铀矿床的主要类型有不整合型、砂岩型、古砾岩型、热液脉型、侵入岩型、变质岩型、角砾杂岩型。其中高品位的不整合型及可用地浸技术开采的低成本砂岩型矿床是当前勘查和生产的最佳类型[1]。

铀的用途

铀裂变时产生的同位素及其射线，在工农业生产和科学技术领域中有广泛的用途。例如，在工业上利用射线实现生产自动控制，无损伤检查等；在农业上利用射线培育良种，防止病虫害等；在医学上用于灭菌消毒，临床诊断及治疗；在地质勘探工作中用来找矿等。

二氧化铀（UO_2），具有半导体性质，电阻率随温度升高而下降。由于二氧化铀具有受强辐照时不发生异性变形、在高温下晶格结构不变、不挥发和不与水发生化学反应等特性，已广泛用于制造反应堆燃料元件。

四氟化铀（UF_4），又称绿盐。在高温下碱金属或碱土金属能将其还原成金属铀。

单铀酸盐和多铀酸盐（又称重铀酸盐）统称铀酸盐。在铀工业中是回收铀的重要中间产品，俗称黄饼。

铀与人体的关系

铀对人体的危害

(1) 对肺和消化道的作用。呼吸道和消化道是铀污染人体的主要途径。铀矿尘使肺泡巨噬细胞耗氧量降低，吞噬功能受抑制，细胞变性死亡较纯二氧化硅引起的严重。

(2) 肾毒性。肾是染铀初期机体铀浓度最高的器官，毒性反应剧烈而典型。铀可诱导肾小球及系膜上皮细胞挛缩，呈剂量－时间依赖性，伴有细胞骨架的解体，其细胞毒性可能与肾血液动力学的严重改变有关。

(3) 对免疫、造血和生殖系统的影响。成熟的淋巴细胞是对辐射最敏感的细胞。B淋巴细胞比T淋巴细胞对辐射更敏感，超微结构被破坏的发生率也更高。^{235}U被淋巴细胞吞噬后，在细胞内以吞噬小泡的形式弥散于胞浆和细胞核内。急性铀中毒时白细胞急剧增多，随后总数下降，淋巴细胞相对减少。

(4) 对胚胎和发育器官的影响。机体生长发育过程中，胚胎器官发生期的细胞处于高度分化、增殖和迁移的最活跃时期。研究表明，铀对小鼠生长发育有毒性作用，导致生殖能力下降，出现畸胎，妊娠期不同时段接受辐照使小鼠后代发育欠佳。低浓度的硝酸铀酰即可引起胚胎发育迟缓，使囊胚细胞增殖能力降低[2]。

铀中毒的防治

铀对机体的损伤效应，近期以化学损伤为主，远期则以辐射损伤为主。因此，不论是天然铀、浓缩铀还是贫铀，都应采取各种方法阻止其进入人体。

一旦防护失败，必须在第一时间给予适当促排药物。选择促排药物必须符合以下条件：毒性低，安全范围宽；能在生理条件下与铀化合物形成易溶、易扩散和可透过生物膜的高稳定性络合物，并迅速排出体外；不参与体内物质代谢及化学反应；体内有效浓度持续时间长。

现有的促排药物种类繁多，多是针对急性铀中毒而设计的螯合剂，治疗效果各不相同。

大量铀进入人体造成急性中毒，给药时间不宜过晚，否则肾脏的损害会加剧。但如果进入人体内的铀量不太大，急性肾功能衰竭期后尿量增多时再使用促排药物，仍能促排蓄积在肾小管内的铀。

近年来核电站建设的不断发展，使铀的生产和应用迅速增长，同时放射性核素在医疗卫生方面的应用也越来越广泛。研究铀的毒理作用，对于保障部队战斗力和保护平民健康有重要意义。今后可运用分子生物学技术，阐明内照射对脑危害的分子机制，研究与铀的化学和辐射损伤密切相关的细胞因子，并找到新的治疗方法[2]。

小贴士

核电站

核电站

第二次世界大战之后，全人类见识到了原子弹的巨大危害，人类千辛万苦开发出的原子能被用于战争，这不能不说是一种悲哀。于是，许多国家开始开展原子能和平利用的研究，并且目标一致地投向了“发电”。1954 年 6 月 27 日，在苏联莫斯科附近的奥布宁斯克，世界上第一座原子能发电站建成并用于发电，它标志了人类和平利用原子能的时代已经来临。

我国也于 1991 年在浙江省嘉兴市海盐县建成秦山核电站，这是我国自行设计、建造的第一座核电站。

参考文献

[1] 李强，王建平，徐千琰．世界铀资源概况及供需形势展望 [J]．中国矿业，2013，22（11）:13~18.

[2] 张珩，李积胜．铀对人体影响的机制及防治 [J]．国外医学卫生学分册，2004，31（2）:80~84.

钚（Pu）
原子序数 94

钚属于锕系金属，是一种来头非常大的放射性元素，说起原子弹，想必大家是谈虎色变，钚就是原子能工业的一种重要原料，可谓是金属家族中的重量级成员，可作为核燃料和核武器的裂变剂。投于长崎市的原子弹，就使用了钚制作内核部分。它也是放射性同位素热电机的热量来源。

钚是什么？

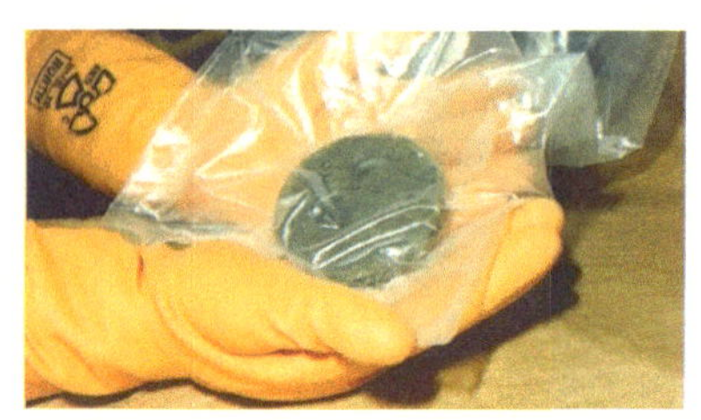
金属钚

钚和大多数金属一样具银灰色外表，又与镍特别相似，质地如铸铁般坚而质脆，但与其他金属制成合金后又变得柔软而富延展性。钚和多数金属不同，它不是热和电的良好导体。

钚及其同位素因其放射性而有一定危险性。钚产生的 α 射线并不会穿透人体的皮肤而进入人体，但钚可能被人体吸入或消化而进入人体从而对内脏造成不利影响。

钚的来源

钚不存在于自然界，是人造元素，来源于核反应。

在美国加州大学伯克利分校工作的科学家格伦・西奥多・西博格以及埃德温・麦克米伦在辐射实验室中，使用回旋加速器，利用氘元素轰击铀 –238 制成的靶板，尝试制造出新元素。在 1940 年 12 月 14 日的轰击实验中，西博格和麦克米伦成功制造出了超铀元素。随即，麦克米伦建议将这个新元素取名为 Pluto（冥王星），而西博格则开玩笑地建议元素符号为“Pu”，读音类似英语中表示嫌恶的口语“Pew”。最终这句戏言成为了现实，而中文翻译中的“钚”也是直接音译自“Pu”。

钚的化合物

同位素钚 –239 是核武器中最重要的裂变成分。曼哈顿计划期间制造的“胖子原子弹”型钚弹，为了达到极高的密度而选择使用易爆炸、压缩的钚，再结合中心中子源，以刺激反应进行、提高反应效率。

碳化钚（PuC），室温下在空气中稳定，但在 400℃时则剧烈燃烧；不与冷水作用，但与热水反应生成三价氢氧化物、氢和甲烷的混合物，以及少量的其他碳氢化合物；碳化钚与冷硝酸作用很慢。

三碳化二钚（Pu_2C_3），化学性质与碳化钚略有不同，三碳化二钚在高温下的氧化作用及在酸和沸水中的水解作用都比碳化钚弱。钚的碳化物由于具有较高的导热性、低的蒸气压和较大的钚密度，可以做核反应堆的燃料。

钚与人体的关系

钚因为是制造原子弹的材料之一，很长的时间里人们都对它存在误解，认为其含有剧毒，很是恐惧，其实不然。

钚环

对于钚危害的担忧，更多的是来自于钚的电离辐射能力。钚衰变时会产生 α 射线。α 射线的穿透能力非常弱，在空气中前进几厘米就将能量耗尽。对于环境中的钚并不用太担心。一旦钚进入到人体内，形成的内照射会对人体有一定的影响。α 射线会造成细胞和染色体的损伤，理论上可能导致癌症发病率的上升。但是这种影响并不会比其他能放出 α 射线的放射性物质危害更大。相比之下，钚的半衰期很长，使得单位时间里的辐射量相对要小，危害也就更小。在自然界广泛存在的氡的放射危害就要比钚大得多。

小贴士

毒钚一片，人类全灭？我不信

说法：据 BBC 报道，前英国政府辐射事务顾问巴斯比博士表示，日本核电站的问题极为严重，尤其令人担心的是福岛核电站 3 号反应堆。他称，该反应堆现在遇到了麻烦，因为它使用的是一种不同的燃料：它不是铀，而是一种铀钚混合燃料，而钚是极为危险的，因此一旦这种物质泄漏出来，将使海啸灾难雪上加霜。钚是世界上毒性第二大的物质（世界上毒性第一大的物质为钋）。一片药片大小的钚，足以毒死 2 亿人，5 克的钚足以毒死所有人类。钚的毒性比砒霜大 4.86 亿倍，一旦泄漏进入太平洋，全人类都玩完！

来源：当地时间 2011 年 3 月 14 日凌晨 3:11 的 BBC 新闻，报道了前英国政府辐射事务顾问巴斯比博士对福岛核电站 3 号机组的担忧。这条新闻的背景是日本内阁官房长官枝野幸男 13 日警告说，福岛第一核电站 3 号机组反应堆面临遭

遇外部氢气爆炸风险。

真相：对钚毒性的误解由来已久，关于它是剧毒物质、“一丁点就能致人死亡”的说法在发达国家也同样流传广泛。推测，钚可能是受到了剧毒的钋的牵连。两者的衰变类型相同，化学符号接近（Pu、Po），连中文写法、读音都类似，难免一些不明真相的群众会把它们的各类性质扯到一起去。

单次过量摄入钚而引发的死亡案例，至今都未出现。英国女王伊丽莎白二世访问哈维尔核子实验室时，就曾受邀触摸了一块以塑料包裹的钚环，以亲自体会其温暖的触感。

基于钚本身的化学毒性并不那么大，电离辐射能力也不比其他放射性元素特殊，加上铀钚混合燃料里钚也只有 7%，3 号反应堆如果发生爆炸泄漏，并不会比其他使用铀燃料的反应堆更危险。

第三篇

不常见的金属元素

在庞大的金属家族中，还有一支小分队，它们对我们而言可能比较陌生，甚至有可能从来没有听说过也没有接触过，它们经常被我们遗忘，更得不到我们的重视，但是它们也是金属家族重要的成员，更有一些还能在生活的各个领域发挥巨大作用，例如镨，在石油化工方面可用作催化剂，又如钐，用于制造激光、微波和红外器材，在原子能工业上也有较重要的用途。说了这么多，不如让我们去认识一下它们吧。

dé 锝 (Tc) 43[1]	因为同位素 Tc-97 具有 260 万年的长半衰期，故锝可用于化学研究。 过锝酸盐是钢的良好缓蚀剂。锝在冶金中用作示踪剂，还用于低温化学及抗腐蚀产品中，亦用作核燃料燃耗测定
pǔ 镨 (Pr) 59	由于具有着火点低和放热量大、在不平的表面摩擦会出现火花的特点，镨常被用来制作打火石和子弹的地火及炮弹的引信，还可制作引火材料。在石油化工方面，金属镨可用作催化剂。镨具有低毒性，接触时应注意安全防护
pǒ 钷 (Pm) 61	可做热源，为真空探测和人造卫星提供辅助能量；主要用于示踪的研究。用来制造核能电池；如同笔尖大小的“原子电池”，可用于导弹仪器、手表和收音机的电源，是掺入硫化锌的夜光粉原料
shān 钐 (Sm) 62	稀土元素，用于制造激光、微波和红外器材，在原子能工业上也有较重要的用途，也用于电子和陶瓷工业。钐容易磁化却很难退磁，这意味着将来在固态元件和超导技术中将会有重要的应用
yǒu 铕 (Eu) 63	稀土元素，有轻微毒性。氧化铕大部分用于彩色电视机红色荧光粉激活剂，高压汞灯用荧光粉。铕在激光材料及原子能工业中有重要的应用
tè 铽 (Tb) 65	我们所熟悉的，可诊断人的骨和肺等使用的 X 射线照相就必须用铽。铽的氧化物广泛用于制备发光材料。铽还可以用于船舶及管线等焊点的非破坏性检查。总的来说，铽的应用大多涉及高技术领域，是技术密集、知识密集型的尖端项目，又是具有显着经济效益的项目，有着诱人的发展前景
dí 镝 (Dy) 66	镝虽很少被人知道，但是一直无私奉献着，它的作用不可小觑。镝主要用于制造新型照明光源镝灯，镝可作反应堆的控制材料，镝化合物在炼油工业中可作催化剂

[1] 原子序数。

ěr 铒（Er） 68	铒可谓在一些领域闪闪发亮，发挥着它的价值。铒可用作反应堆控制材料；也可作某些荧光材料的激活剂。陶瓷业中使用氧化铒产生一种粉红色的釉质；铒在核工业中也有一些应用，还能作为其他金属的合金成分，例如钒中掺入铒能够增强其延展性
diū 铥（Tm） 69	铥用作医用轻便 X 射线机射线源；铥元素还可以应用于临床诊断和治疗肿瘤；铥在 X 射线增感屏用荧光粉中作激活剂；铥可在新型照明光源金属卤素灯作添加剂；Tm^{3+} 加到玻璃中可制成稀土玻璃激光材料
lǔ 镥（Lu） 71	制造某些特殊合金。例如镥铝合金可用于中子活化分析；稳定的镥核素在石油裂化、烷基化、氢化和聚合反应中起催化作用；磁泡贮存器的原料；镥用于能源电池技术以及荧光粉的激活剂
hā 铪（Hf） 72	化学性质与锆十分相似，具有良好的抗腐蚀性能。金属铪容易发射电子使空气电离，可用作制作空气等离子切割机。铪参与制作的耐高温、耐摩擦的钨钼钽合金，可作为火箭喷嘴和滑翔式重返大气层的飞行器的前沿保护层
pō 钋（Po） 84	它与铍混合可作为中子源；也用作静电消除剂；为了减少静电发生常会使用钋，工业设备中也常用到，像是卷纸、卷电线和卷金属片。 钋的放射性比镭强，可作为 α 射线源。还可用作为航天设备的热源
fāng 钫（Fr） 87	由于它的不稳定和稀有，钫还没有商业应用。但它已经用于生物学和原子结构的研究领域。钫对癌症可能存在的诊断帮助也已经被深入研究了，但是被认为并不实用
ā 锕（Ac） 89	锕的化学性质活泼，与镧和钇十分相似，可与多种非金属元素直接反应，锕有较强的碱性；锕的半衰期为 21.77 年，具有 α 衰变和自发裂变的核性质。主要用做航天器中的热源

tǔ 钍（Th） 90	钍一般用来制造合金提高金属强度和煤气灯的白热纱罩。钍所储藏的能量，比铀、煤、石油和其他燃料总和还要多许多，是一种极有前途的能源。还可用于制造高强度合金与紫外线光电管。钍还是制造高级透镜的常用原料
pú 镤（Pa） 91	镤是极为罕见的银白色金属，具有强放射性，在自然界并不存在，见于铀、钍和钚的裂变产物中，化学性质与钽相似
ná 镎（Np） 93	在自然界中几乎不存在，通常由人工制成